VDE-Schriftenreihe **154**

« Ce qui se conçoit bien s'énonce clairement et les mots pour le dire arrivent aisément. »

Was man gut versteht, spricht sich verständlich aus – und die Worte, um dies zu sagen, erreichen einen mit Leichtigkeit.

Nicolas Boileau-Despréaux
(franz. Schriftsteller des 17. Jahrhunderts)

Die Autoren

Dipl.-Ing. (TH) **Patrick Gehlen** (Jahrgang 1966) hat an der Universität Liège/Belgien Elektrotechnik studiert und ist seit 1988 bei der Siemens AG tätig, seit 2000 im Applikations- und Produktmanagement mit den Schwerpunkten Funktionale Sicherheit und Maschinensicherheit. Er ist seit vielen Jahren im Unternehmen verantwortlich für die Normungsarbeit zu den Themen Maschinensicherheit, Funktionale Sicherheit und Schutz gegen elektrischen Schlag. Patrick Gehlen ist TÜV-zertifizierter Senior Safety Expert, Mitglied in verschiedenen Industrieverbänden (z. B. ZVEI, VDMA) und deutsches Mitglied in nationalen Spiegelgremien für das DIN Deutsches Institut für Normung und die DKE Deutsche Kommission Elektrotechnik Elektronik und Informationstechnik im DIN und VDE. Er ist als Delegierter in zahlreichen nationalen und internationalen Normungsgremien sowie Arbeitsgruppen tätig. Patrick Gehlen ist der Vorsitzende des deutschen Spiegelkomitees und Experte in der internationalen Working Group des ISO TC 199 der ISO 13850 (Sicherheit von Maschinen – Not-Halt – Gestaltungsleitsätze).

Dipl.-Ing. **Siegfried Rudnik** hat eine Berufsausbildung zum Elektromaschinenbauer absolviert und anschließend ein Ingenieurstudium der Elektrotechnik abgeschlossen. Nach 25 Jahren als Projektierungsingenieur und Projektleiter im Anlagenbau war er bei der Firma Siemens verantwortlich für die nationale und internationale Normungsarbeit zum Thema „Elektrische Sicherheit" und Maschinensicherheit. Als Delegierter des Verbands ZVEI wurde er in die internationalen Normengremien IEC TC 44 und IEC TC 64, einschließlich ausgewählter Arbeitsgruppen für bestimmte Normen, als Experte delegiert. National war er Mitarbeiter in den Arbeitskreisen für „Erdungsanlagen und Schutzleiter" sowie für „Ableitströme" (VDE 0100-540) und für die „Elektrische Ausrüstung von Maschinen" (VDE 0113-1). 2011 verlieh die Internationale Elektrotechnische Kommission (IEC) Siegfried Rudnik den IEC-1906-Award. Mit dem „Award 1906" würdigt die IEC besonders aktive technische Experten in den IEC-Gremien. Im Mai 2014 wurde er mit der DKE-Nadel als Anerkennung für seine besonderen Verdienste um die elektrotechnische Normungsarbeit ausgezeichnet.

VDE-Schriftenreihe Normen verständlich 154

Not-Halt oder Not-Aus?

Eine Erläuterung unter Berücksichtigung von DIN EN 60204-1 (VDE 0113-1):2019-06 und DIN EN ISO 13850:2016-05

Dipl.-Ing. (TH) Patrick Gehlen
Dipl.-Ing. Siegfried Rudnik

3., überarbeitete Auflage

VDE VERLAG GMBH

ICS 13.110; 25.040.40; 29.120.40

Bibliografische Information der Deutschen Nationalbibliothek
Die Deutsche Nationalbibliothek verzeichnet diese Publikation in der Deutschen Nationalbibliografie; detaillierte bibliografische Daten sind im Internet über http://dnb.dnb.de abrufbar.

ISBN 978-3-8007-5132-7 (Buch)
ISBN 978-3-8007-5133-4 (E-Book)
ISSN 0506-6719

Satz: Text- und Software-Service Manuela Treindl, Fürth
Druck: H. Heenemann GmbH & Co. KG, Berlin
Printed in Germany 2019-11

Geleitwort

Mit Entschließung des Rates vom 7. Mai 1985 über die sog. „neue Konzeption“ (new approach) auf dem Gebiet der technischen Harmonisierung und der Normung wurde die grundlegende Weichenstellung für einen funktionierenden europäischen Binnenmarkt getroffen. Tragende Säule der „neuen Konzeption“ ist die Beschränkung der europäischen Rechtsvorschriften auf die Festlegung grundlegender Anforderungen, denen Produkte zum Zeitpunkt ihres Inverkehrbringens entsprechen müssen. Um diese teilweise recht allgemein gehaltenen Anforderungen in der Praxis technisch besser umsetzen zu können, ist als zweites zentrales Element des „neuen Konzepts“ das System der harmonisierten Normen eingeführt worden. Hiermit wird deutlich, welche große Bedeutung der Normung im Binnenmarkt zukommt, aber auch, welche Verantwortung mit der Erarbeitung derartiger Normen verbunden ist. Die Richtlinie 2006/42/EG (Maschinenrichtlinie) ist heute eine der bedeutendsten europäischen Rechtsvorschriften nach dem „neuen Konzept“ und damit maßgebliche Rechtsgrundlage für das Inverkehrbringen konformer, vor allem aber sicherer Maschinen und Anlagen im Binnenmarkt.

Eine der grundlegenden Anforderung aus der Maschinenrichtlinie 2006/42/EG ist die Forderung, Maschinen mit einem oder mehreren Not-Halt-Befehlsgerät(en) auszurüsten, um ein schnelles Stillsetzen im Notfall jederzeit zu gewährleisten. Not-Halt-Befehlsgeräte sollen es dem Bediener, wie der Leitfaden für die Maschinenrichtlinie 2006/42/EG treffend formuliert, ermöglichen, die gefährliche Maschinenfunktion so rasch wie möglich abzuschalten, wenn, trotz der anderen bereits ergriffenen Schutzmaßnahmen, eine Gefährdungssituation oder ein Gefährdungsereignis eintritt.

Das Not-Halt-Befehlsgerät trägt damit quasi als „last line of defence“ entscheidend dazu bei, dass in Europa nicht bloß sichere Maschinen auf dem Markt bereitgestellt werden dürfen, sondern auch nur solche Maschinen, die sich in unvorhersehbaren Gefahrensituationen einfach und schnell stillsetzen lassen, um so Personen- und Sachschäden zu verhindern.

Das vorliegende Buch ist ein wesentlicher Baustein zum besseren Verständnis des Not-Halt-Befehlsgeräts und dessen Funktion sowie der Abgrenzung zur Not-Aus-Funktion. Zusätzlich unterstützt das vorliegende Werk die Normung auf diesem Gebiet und bildet damit ebenfalls einen wichtigen Beitrag zur Weiterentwicklung harmonisierter Normen zu den Not-Halt-Befehlsgeräten.

MinR Dipl.-Ing. *Ludwig Finkeldei*
Vom Bundesrat benannter Vertreter der Länder für die Maschinenrichtlinie,
Ministerium für Umwelt, Klima und Energiewirtschaft, Referat 43

Geleitwort

Bei der Konstruktion von sicherheitsgerichteten Steuerungen in der Prozess- und Automatisierungstechnik stellt sich wie selbstverständlich die Frage: Welche Funktionen sind unbedingt zu realisieren? Die erste Antwort von Konstrukteuren ist meistens: die Not-Aus-Funktion.

Jede Nachfrage löst sofort eine längere Diskussion aus. Ist es die Not-Halt-Funktion oder die Not-Aus-Funktion? Was ist denn überhaupt der Unterschied zwischen Not-Aus und Not-Halt? Welches Sicherheitsniveau muss eingehalten werden? Wie schnell muss die Reaktion erfolgen? Und vieles mehr.

Wenn auch die Antworten sehr kontrovers diskutiert werden, sind meist alle Gesprächspartner der festen Überzeugung, dass die Not-Halt- oder auch die Not-Aus-Funktion auf jeden Fall klar geregelt und auf dem höchsten Sicherheitsniveau zu realisieren ist. Leider wird dies meistens überbewertet. Es existieren europäische Normen, die explizit die Not-Halt-Funktion behandeln. In diesen wird, mit wenigen Ausnahmen in maschinenspezifischen Normen, jedoch lediglich der Einsatz von bewährten Bauteilen auf dem Niveau des PL c gemäß der DIN EN ISO 13849 oder SIL 1 gemäß DIN EN 62061 (**VDE 0113-50**) gefordert. Also keineswegs das höchste Sicherheitsniveau. Für die Not-Aus-Funktion dagegen fehlt diese Zuordnung.

In der EG-Maschinenrichtlinie 2006/42/EG wird man vergeblich den Begriff Not-Aus suchen, denn die Richtlinie kennt den Begriff Not-Aus im Gegensatz zu der vorherigen Ausgabe 98/37/EG gar nicht mehr, sondern behandelt nur das Stillsetzen im Notfall: den Not-Halt. Die Begriffsverwirrung, wie man sie in der deutschen Übersetzung der Version 98/37/EG fand, ist verschwunden.

Eine Not-Halt-Funktion darf nicht als Ersatz für Schutzmaßnahmen oder andere Sicherheitsfunktionen verwendet werden.

De facto ist für alle vorhersehbaren Notsituationen eine definierte Schutzmaßnahme oder Sicherheitsfunktion vorzusehen: Not-Halt ist eine „ergänzende Schutzmaßnahme" für die Situationen, in denen ein nicht vorhersehbares menschliches oder technisches Versagen eintritt. Dies sollte von allen Konstrukteuren bei der Bewertung des Sicherheitsniveaus berücksichtigt werden.

Das vorliegende Buch beschreibt umfassend die Unterschiede und Anwendungsgrenzen der Not-Halt- und Not-Aus-Funktionen. Es wird sicherlich zur Aufklärung beitragen, damit diese Funktionen nicht weiterhin überbewertet werden. Gleichzeitig ist es den Autoren gelungen, umfassend zu erklären, wie eine sinnvolle und korrekte Anwendung umzusetzen ist.

Die Leser des Buchs mögen jedoch immer beachten:

Im Idealfall wird die Not-Halt- oder Not-Aus-Funktion nie gebraucht!
Wenn sie jedoch einmal gebraucht wird, dann ist schon etwas passiert: Es ist also immer bereits zu spät.

Düsseldorf im September 2014

Dipl.-Ing. *Berthold Heinke*

Berufsgenossenschaft Holz und Metall
Hauptabteilung Sicherheit und Gesundheit
Fachbereich HM/Prüf- und Zertifizierungsstelle HSM

Vorwort

Leider werden häufig sowohl bei der Normenerstellung als auch bei der Normenanwendung die Sinnhaftigkeit und die Gründe für die Forderung nach einer Not-Halt- bzw. Not-Aus-Befehlseinrichtung nicht verstanden.

Not-Halt- bzw. Not-Aus-Bediengeräte sind immer ergänzende Schutzmaßnahmen und können nicht als risikomindernde Maßnahme vorgesehen werden.

Mit diesem Buch soll das Verständnis für Not-Halt- bzw. Not-Aus-Bediengeräte vertieft werden, in der Hoffnung, dass zukünftig sowohl in den einschlägigen Normen als auch bei der Umsetzung von Normen durch die Anwenderkreise die Verwendung solcher Bedieneinrichtungen richtig verstanden und auch richtig eingesetzt wird.

Jede Maschine und jede elektrische Ausrüstung muss grundsätzlich ohne eine Not-Befehlseinrichtung so „sicher" sein, dass von ihr keine Gefahr für Personen, Umwelt und Nutztiere ausgeht.

Mindestens eine Not-Halt-Einrichtung ist bei Maschinen grundsätzlich erforderlich. Ein nicht diskutierbares Dogma.

Not-Aus-Einrichtungen dagegen sind nur im Zusammenhang mit dem Schutz gegen elektrischen Schlag zu sehen und dann auch nur dort, wo ein zufälliges unbeabsichtigtes Berühren von aktiven Teilen möglich ist. Dies sind in der Regel Orte, zu denen ausschließlich nur Elektrofachkräfte oder elektrotechnisch unterwiesene Personen Zutritt haben.

Somit haben die meisten Not-Einrichtungen eine Not-Halt-Funktion, auch wenn Laien und sogar fachkundige Personen heute oft den Begriff Not-Aus verwenden.

Eine Richtigstellung kann vielleicht helfen.

Fürth, Oktober 2019 — Dipl.-Ing. *Patrick Gehlen*

Tuchenbach, Oktober 2019 — Dipl.-Ing. *Siegfried Rudnik*

Inhalt

1 Begriffe und Normen

Einige wichtige Begriffe und Normen sollten immer präsent sein. Denn hier fängt die Verwirrung oft bereits an.

1.1 Begriffe

Basisschutz

Schutz gegen elektrischen Schlag, wenn keine Fehlzustände vorliegen.

Bedienstation

Gesamtheit von einem oder mehreren Steuerelementen, die auf demselben Panel befestigt oder im selben Gehäuse angeordnet sind.

Elektrofachkraft

Elektrofachkraft ist, wer aufgrund seiner fachlichen Ausbildung, Kenntnisse und Erfahrungen sowie Kenntnis der einschlägigen Normen die ihm übertragenen Arbeiten beurteilen und mögliche Gefahren erkennen kann. Anmerkung: Zur Beurteilung der fachlichen Ausbildung kann auch eine mehrjährige Tätigkeit auf dem betreffenden Arbeitsgebiet herangezogen werden.

Elektrotechnisch unterwiesene Person

Elektrotechnisch unterwiesene Person ist, wer durch eine Elektrofachkraft über die ihr übertragenen Aufgaben und die möglichen Gefahren bei unsachgemäßem Verhalten unterrichtet und erforderlichenfalls angelernt sowie über die notwendigen Schutzeinrichtungen und Schutzmaßnahmen belehrt wurde.

Fehlerschutz

Schutz gegen elektrischen Schlag unter den Bedingungen eines Einzelfehlers.

Handlungen im Notfall

Sämtliche Tätigkeiten und Funktionen im Notfall, die auf dessen Beendigung oder Behebung ausgerichtet sind.

Laie (elektrotechnisch)

Person, die weder eine Elektrofachkraft noch eine elektrotechnisch unterwiesene Person ist.

Not-Aus

Eine Handlung im Notfall, die dazu bestimmt ist, die Versorgung mit elektrischer Energie zu einer ganzen oder zu einem Teil einer Installation abzuschalten, falls ein Risiko für elektrischen Schlag oder ein anderes Risiko elektrischen Ursprungs besteht.

Not-Aus-Befehlsgerät

Manuell betätigtes Steuergerät, das die Abschaltung der elektrischen Energieversorgung zu einer ganzen oder einem Teil einer Installation bewirkt, falls ein Risiko für elektrischen Schlag oder ein anderes Risiko elektrischen Ursprungs besteht.

Not-Halt (Not-Halt-Funktion)

Funktion, um eine bestehende Notfallsituation abzuwenden oder zu verhindern, die durch das Verhalten von Personen oder durch ein unerwartetes Gefahr bringendes Ereignis entsteht. Die Not-Halt-Funktion wird durch eine einzige Handlung einer Person ausgelöst.

Not-Halt-Befehlsgerät

Manuell betätigtes Steuergerät, das zur Auslösung einer Not-Halt-Funktion verwendet wird.

Notfall

Gefährdungssituation, die dringend beendet werden muss oder dringender Abhilfe bedarf.

Anmerkung: Ein Notfall kann während des Normalbetriebs der Maschine eintreten, z. B. durch einen menschlichen Eingriff oder äußere Einflüsse oder als Folge einer Fehlfunktion oder des Ausfalls irgendeines Teils der Maschine.

Schalten (mechanisch)

Galvanische Unterbrechung der Stromversorgung ohne Trennereigenschaften.

Schalten (elektronisch)

Unterbrechung der Stromversorgung (Energiezufuhr) ohne galvanische Unterbrechung.

Schutzmaßnahme

Basisschutz oder Fehlerschutz zum Schutz gegen elektrischen Schlag.

Schutzvorkehrung

Maßnahme als Basisschutz oder Fehlerschutz zum Schutz gegen elektrischen Schlag.

Stopp-Kategorien

Methoden zur Stillsetzung einer Maschine.

Anmerkung: Für die Stillsetzung nach einem Not-Halt-Befehl sind derzeit die Stopp-Kategorie 0 (sofortige Unterbrechung der Energiezufuhr) und die Stopp-Kategorie 1 (gesteuertes Stillsetzen mit anschließender Unterbrechung der Energiezufuhr) zugelassen.

Trennen (Trennfunktion)

Galvanische Unterbrechung der Stromversorgung mit höheren Anforderungen an Kontaktabstände und Kriechstrecken.

Wirkungsbereich

Bereich einer Maschine, der unter dem Einfluss eines bestimmten Not-Halt-Geräts steht.

1.2 Handlungen im Notfall

Ohne Notfall kein Not-Halt oder Not-Aus: Erst die Ursache zu beschreiben, ist kein Nachteil.

Die Maschinenrichtlinie kennt den Begriff Notfall nur direkt im Zusammenhang mit dem Not-Halt-Befehlsgerät.

Auszug aus der Richtlinie 2006/42/EG, Anhang I [1]

1.2 Steuerungen und Befehlseinrichtungen

1.2.4 Stillsetzen

1.2.4.3 Stillsetzen im Notfall

Jede Maschine muss mit einem oder mehreren Not-Halt-Befehlsgeräten ausgerüstet sein, durch die eine unmittelbar drohende oder eintretende Gefahr vermieden werden kann.

Aus Sicht des Anhangs I „Grundlegende Gesundheits- und Sicherheitsanforderungen“ ist das verständlich, weil es hier um das Thema Steuerungen und Befehlseinrichtungen geht. Im Betrieb soll eine unerwartete Gefahr aus Sicht des Bedieners durch ein Not-Halt-Befehlsgerät „beherrschbar“ gemacht werden.

Hinweis:

Die Maschinenrichtlinie als auch der Leitfaden zur Maschinenrichtlinie kennen den Begriff Not-Aus grundsätzlich nicht!

Jedoch muss der Begriff Notfall in einem größeren Kontext gesehen werden.

Auszug aus DIN EN ISO 12100 [2]

3.38 Notfall

Gefährdungssituation, die dringend beendet werden muss oder dringender Abhilfe bedarf.

Anmerkung: Ein Notfall kann eintreten

- während des Normalbetriebs der Maschine (z. B. durch menschlichen Eingriff oder als Folge äußerer Einflüsse) oder
- als Folge einer Fehlfunktion oder des Ausfalls irgendeines Teils der Maschine.

3.39 Handlungen im Notfall

Sämtliche Tätigkeiten und Funktionen im Notfall, die auf dessen Beendigung oder Behebung ausgerichtet sind.

3.40 Stillsetzen im Notfall

Funktion, die

- aufkommende Gefährdungen für Personen, Schäden an der Maschine oder an laufenden Arbeiten abwenden oder bereits bestehende mindern soll und
- durch eine einzige Handlung einer Person auszulösen ist.

Anmerkung: DIN EN ISO 13850 stellt detaillierte Festlegungen zur Verfügung.

Wie in der Anmerkung zur Definition Notfall sehr anschaulich hervorgehoben wird, gilt es, zwei auslösende Situationen für einen Notfall grundlegend zu unterscheiden:

- Der Normalbetrieb, ohne zwangsläufiges technisches Versagen.
- Eine Fehlfunktion oder ein Gefahr bringender Ausfall der Maschine.

Diese recht unterschiedlichen Ursachen gilt es somit auch gesondert zu betrachten.

1.3 Not-Halt oder Not-Aus? – eine Unterscheidung

Oft falsch verstanden und doch einfach zu unterscheiden: Bewegung oder Energie?

In DIN EN 60204-1 (**VDE 0113-1**) [3] finden sich zum besseren Verständnis die folgenden Erläuterungen im Anhang E.

Auszug aus DIN EN 60204-1 (VDE 0113-1):2019-06, Anhang E

Handlung im Notfall

Eine Handlung im Notfall schließt einzeln oder in Kombination ein:

- Not-Halt (Stillsetzen im Notfall),
- Not-Start (Ingangsetzen im Notfall),
- Not-Aus (Ausschalten im Notfall),
- Not-Ein (Einschalten im Notfall).

Die weiterführenden Erklärungen zu den Handlungen im Notfall sind eigentlich klar und verständlich beschrieben. Die Verwirrung ist aber auf die fehlerhafte Übersetzung der DIN EN 418 (zurückgezogen) zurückzuführen, die den Begriff Not-Aus anstelle von Not-Halt verwendet hat.

Not-Halt (Stillsetzen im Notfall)

Eine Handlung im Notfall, die dazu bestimmt ist, einen Prozess oder eine Bewegung anzuhalten, der (die) Gefahr bringend wurde.

Not-Start (Ingangsetzen im Notfall)

Eine Handlung im Notfall, die dazu bestimmt ist, einen Prozess oder eine Bewegung zu starten, um eine Gefahr bringende Situation zu beseitigen oder zu verhindern.

Not-Aus (Ausschalten im Notfall)

Eine Handlung im Notfall, die dazu bestimmt ist, die Versorgung mit elektrischer Energie zu einer ganzen oder zu einem Teil einer Installation abzuschalten, falls ein Risiko für elektrischen Schlag oder ein anderes Risiko elektrischen Ursprungs besteht.

Not-Ein (Einschalten im Notfall)

Eine Handlung im Notfall, die dazu bestimmt ist, die Versorgung mit elektrischer Energie zu einem Teil einer Anlage einzuschalten, der für Notsituationen benötigt wird.

Anmerkung:

Im Umfeld der Maschinensicherheit wird fast immer nur von Not-Halt und Not-Aus gesprochen, dabei gibt es Situationen, in denen ein Not-Start oder Not-Ein erst wieder zu einem „sicheren Zustand“ der Maschine oder Anlage führen können. Das zeigt auch, wie wichtig es ist, den „sicheren Zustand“ einer Maschine oder Anlage zu definieren.

1.3.1 Die Not-Halt-Funktion

Ein Begriff, der nie verwendet wird und doch zum Not-Halt gehört.

Auch wenn in DIN EN ISO 12100 die Not-Halt-Funktion nicht als eigenständiger Begriff verwendet wird, so ist doch die Definition des Stillsetzens im Notfall mit einer Not-Halt-Funktion gleichzusetzen.

Leicht wird auch übersehen, dass der Titel der DIN EN ISO 13850 „Sicherheit von Maschinen – Not-Halt-Funktion – Gestaltungsleitsätze“ nicht nur die Not-Halt-Befehlsgeräte meint, sondern grundlegende Betrachtungen aus dem Blickwinkel der Not-Halt-Funktion beinhaltet.

In der englischen Fassung ISO 13850 steht im Anwendungsbereich „This international standard specifies functional requirements and design principles for the emergency stop function on machinery, independent of the type of energy used to control the function.“

In DIN EN ISO 13850 wird der Begriff Not-Halt-Funktion somit mit dem Stillsetzen im Notfall DIN EN ISO 12100 gleichgesetzt.

Auszug aus DIN EN ISO 13850

Not-Halt
Not-Halt-Funktion

Funktion, die

- aufkommende Gefährdungen für Personen, Schäden an der Maschine oder an laufenden Arbeiten abwenden oder bereits bestehende mindern soll,
- durch eine einzige Handlung einer Person auszulösen ist.

1.3.2 Die Not-Aus-Funktion

Die Not-Aus-Funktion ist eine galvanische Abschaltung der elektrischen Energie, um bei einem Notfall eine „an Spannung hängende“ Person bergen zu können.

Eine Not-Aus-Funktion wird durch die manuelle Betätigung eines Not-Aus-Befehlsgeräts ausgelöst. Bei einer Unterbrechung des Not-Aus-Signals wird die elektrische Energie mittels eines Schützes oder Leistungsschalters abgeschaltet.

Als Not-Aus-Befehlsgerät sind Drucktaster entsprechend der Produktnorm DIN EN 60947-5-5 (**VDE 0660-210**) [5] für Not-Halt-Befehlsgeräte mit mechanischer Verrastfunktion zu verwenden. Für Not-Aus-Befehlsgeräte gibt es keine eigenständige Produktnorm.

Die Not-Aus-Funktion ist keine Schutzmaßnahme zum Schutz gegen elektrischen Schlag und wirkt somit auch nicht risikomindernd. Eine Not-Aus-Funktion wird als ergänzende Schutzmaßnahme eingestuft.

1.4 Normen, die man kennen sollte

Viele sagen etwas zu Not-Halt und Not-Aus. Gewusst wo.

Anmerkung:

IEC-Normen kennen die ISO-Einstufungen in Typ-A-, Typ-B- und Typ-C-Normen nicht. Inhaltlich können diese aber meistens den Typ-B-Normen zugeordnet werden.

Normen der ISO-Welt

Damit sicherheitstechnische Anforderungen strukturiert in der Normenwelt festgelegt werden, wurde bei ISO international eine Strukturierung bezüglich der Wertigkeit von Normen im ISO-Guide 78 [6] definiert. Dieser Guide richtet sich in erster Linie an die Normenersteller und klassifiziert die Normen, je nach Bedeutung, in drei Typen von Gruppen, siehe **Bild 1.1**.

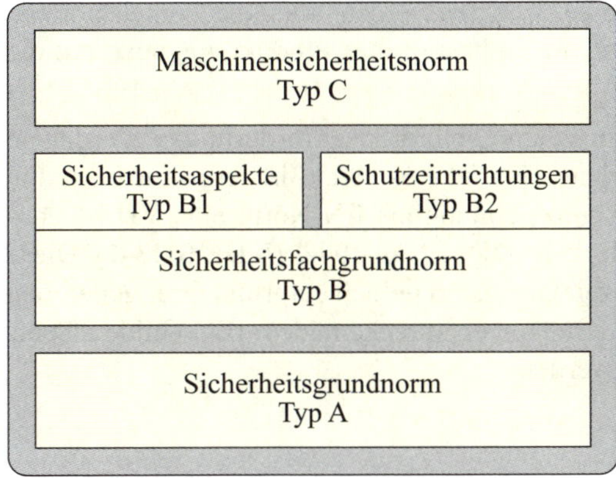

Bild 1.1 Struktur der Normen für die Sicherheit von Maschinen entsprechend ISO-Guide 78

Normen der IEC-Welt

Für Normen mit elektrotechnischen Sicherheitsaspekten hat die IEC im IEC-Guide 104 [7] eine ähnliche Strukturierung festgelegt. Doch bei IEC hat man auf die Klassifizierung nach Typen verzichtet, nutzt aber ähnliche Begriffe wie bei ISO, siehe **Bild 1.2**.

Eine typische Sicherheitsgrundnorm ist die DIN EN 61140 (**VDE 0140-1**) [8], die grundsätzliche Anforderungen zum Schutz gegen elektrischen Schlag für alle Normen festlegt.

Eine typische Gruppensicherheitsnorm (GSN) für den Schutz gegen elektrischen Schlag für die Errichtung von Niederspannungsanlagen ist die DIN VDE 0100-410 [9].

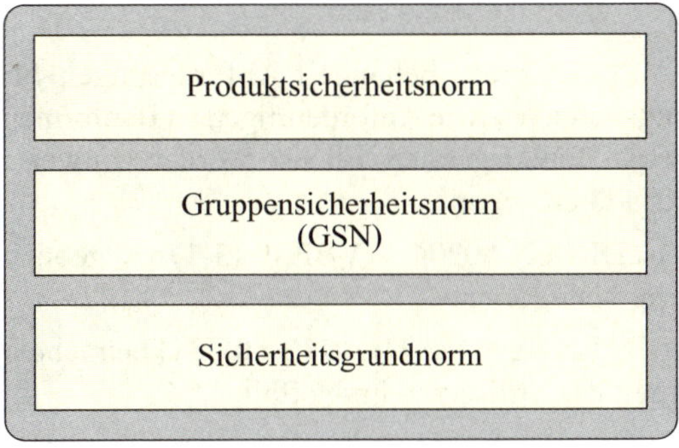

Bild 1.2 Struktur für elektrotechnische Sicherheitsnormen entsprechend IEC-Guide 104

Elektrotechnische Normen mit Sicherheitsaspekten werden Produktsicherheitsnormen genannt und enthalten Anforderungen an ein bestimmtes Produkt, begrenzt auf die elektrotechnischen Belange.

Übrigens: Normen mit elektrotechnischen Sicherheitsanforderungen werden in Deutschland zusätzlich VDE-klassifiziert. Damit dies bereits in der Kennzeichnung erkennbar ist, wird zusätzlich zur Kennzeichnung als EN-Norm eine VDE-Kennzeichnung in Klammern nachgestellt, z. B. DIN EN 60204-1 (**VDE 0113-1**). Diese Norm wird als Anwendungsnorm bezeichnet, kann jedoch aufgrund ihrer generellen elektrotechnischen Sicherheitsanforderungen entsprechend dem IEC-Guide 104 als Gruppensicherheitsnorm eingestuft werden.

1.4.1 Typ-A-Normen

Typ-A-Normen sind entsprechend ISO-Guide 78 Sicherheitsgrundnormen. Solche Normen enthalten Grundbegriffe, Gestaltungsleitsätze und allgemeine Aspekte, die für alle Maschinen, Geräte und Anlagen angewandt werden können.

Eine Typ-A-Norm ist DIN EN ISO 12100, diese behandelt allgemeine Gestaltungsleitsätze und Anforderungen zur Risikobeurteilung und Risikominderung bei Maschinen.

DIN EN ISO 12100 behandelt nur den Not-Halt im Rahmen des Stillsetzens im Notfall, im Englischen „emergency stop". Dagegen wird ein Not-Aus nicht explizit erwähnt.

1.4.2 Typ-B-Normen

Typ-B-Normen sind entsprechend ISO-Guide 78 Sicherheitsfachgrundnormen und behandeln einen Sicherheitsaspekt (Typ B1) oder eine Art von Schutzeinrichtung (Typ B2).

Eine Typ-B-Norm ist DIN EN ISO 13850, diese behandelt Anforderungen für Not-Halt-Funktionen, für den Wirkungsbereich sowie Anforderungen an Bauformen (Schutzkragen) und Arten von Not-Halt-Befehlsgeräten. Ebenso werden Hinweise zur Anordnung von Not-Halt-Befehlsgeräten gegeben.

Aus Sicht der elektrischen Sicherheit ist DIN EN 60204-1 (**VDE 0113-1**) maßgeblich und sie beschreibt zusätzlich die Stopp-Kategorien.

DIN EN ISO 13849-1 [10] als auch DIN EN 62061 (**VDE 0113-50**) [11] betrachten im Rahmen der Funktionalen Sicherheit das Stillsetzen im Notfall.

1.4.3 Typ-C-Normen

Typ-C-Normen sind entsprechend ISO-Guide 78 Maschinensicherheitsnormen und enthalten detaillierte Sicherheitsanforderungen für eine bestimmte Maschine oder Gruppe von Maschinen.

DIN EN ISO 11161 [12] „Sicherheit von Maschinen – Integrierte Fertigungssysteme – Grundlegende Anforderungen“. Diese Norm verwendet den Begriff „Wirkungsbereich der Steuerung“ und hat deshalb bei der Überarbeitung der Anforderungen für den Wirkungsbereich von Not-Halt-Befehlsgeräten in der DIN EN ISO 13850 Pate gestanden.

Die DIN EN 415-10 „Sicherheit von Verpackungsmaschinen – Teil 10: Allgemeine Anforderungen“ fordert zwischen zwei Not-Halt-Befehlsgeräten einen max. Abstand von 10 m.

Die DIN EN 12042 [13] „Nahrungsmittelmaschinen – Teigteilmaschinen“ schreibt, dass für solche Maschinen eine Not-Halt-Einrichtung nicht erforderlich ist, jedoch ist auf die Erreichbarkeit der Netz-Trenneinrichtung von der Position des Bedieners aus zu achten.

1.4.4 Produktnormen für Not-Bedieneinrichtungen

Die DIN EN 60947-5-5 (**VDE 0660-210**) trägt den Titel „Niederspannungsschaltgeräte – Teil 5-5: Steuergeräte und Schaltelemente – Elektrisches Not-Halt-Gerät mit mechanischer Verrastfunktion“. Diese Produktnorm gilt grundsätzlich für alle Not-Bedieneinrichtungen.

Leider wurde im Titel der DIN EN 60947-5-5 (**VDE 0660-210**) nur die Funktion Not-Halt benannt, gilt sie doch auch für Not-Aus-Bedieneinrichtungen (**Bild 1.3**).

Die DIN EN 60947-5-5 (**VDE 0660-210**) enthält Anforderungen an:

- Drucktaster,
- Seilzugschalter und
- Fußschalter.

Wichtige Merkmale einer elektromechanischen Not-Bedieneinrichtung werden in dieser Norm festgelegt, z. B. zwangsöffnende Kontakte, Verrastung oder manuelle Rückstellung und deren Kennzeichnung.

DEUTSCHE NORM August 2017

	DIN EN 60947-5-5 **(VDE 0660-210)**	**DIN**
	Diese Norm ist zugleich eine **VDE-Bestimmung** im Sinne von VDE 0022. Sie ist nach Durchführung des vom VDE-Präsidium beschlossenen Genehmigungsverfahrens unter der oben angeführten Nummer in das VDE-Vorschriftenwerk aufgenommen und in der „etz Elektrotechnik + Automation" bekannt gegeben worden.	**VDE**

Vervielfältigung – auch für innerbetriebliche Zwecke – nicht gestattet.

ICS 29.130.20

Ersatz für
DIN EN 60947-5-5
(VDE 0660-210):2015-12
Siehe Anwendungsbeginn

Niederspannungsschaltgeräte –
Teil 5-5: Steuergeräte und Schaltelemente –
Elektrisches Not-Halt-Gerät mit mechanischer Verrastfunktion
(IEC 60947-5-5:1997 + A1:2005 + A2:2016);
Deutsche Fassung EN 60947-5-5:1997 + A1:2005 + A11:2013 + A2:2017

Bild 1.3 DIN EN 60947-5-5 (**VDE 0660-210**) – Titelseite

Auch ein definiertes Testverfahren findet sich in dieser Norm: Eine Not-Bedieneinrichtung als Drucktaster muss besonders hohen mechanischen Belastungen widerstehen können, deshalb enthält die Norm auch eine spezielle Pendelhammerprüfung (**Bild 1.4**), um die erforderliche mechanische Haltbarkeit zu prüfen.

Für nicht elektromechanische Not-Halt-Befehlsgeräte gibt es leider keine entsprechende Produktnorm. Warum das so ist, erschließt sich den Autoren dieses Buchs nicht. In der Maschinensicherheit finden wir zwar vorwiegend das elektromechanische Not-Halt-Befehlsgerät, jedoch kann auch eine hydraulische oder pneumatische Not-Halt-Funktion, die keiner elektrischen Ansteuerung bedarf, zum Tragen kommen.

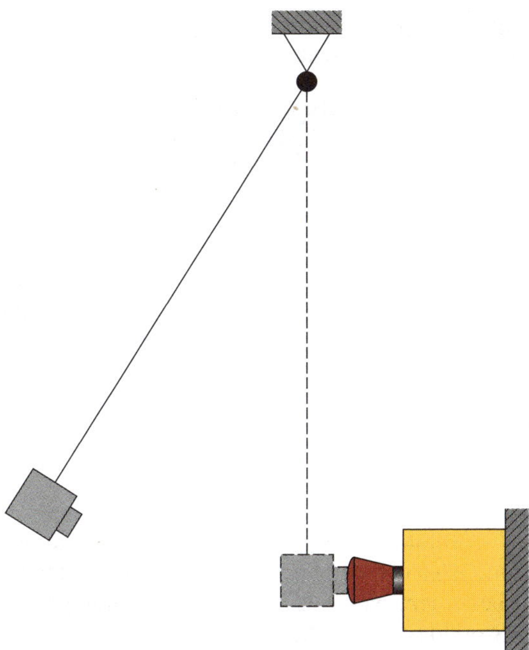

Bild 1.4 „Pendelhammerprüfung“ nach DIN EN 60947-5-5 (**VDE 0660-210**)

1.4.5 Errichternormen und Gestaltungsleitsätze

Für die Errichtung von elektrischen Anlagen enthält die Normenreihe der DIN VDE 0100 grundlegende Anforderungen für die Errichtung von Niederspannungsanlagen. Die DIN VDE 0100 enthält in der 400er-Gruppe Anforderungen für Schutzmaßnahmen, wobei der Abschnitt 460 Anforderungen an das Trennen und Schalten bei einem Not-Aus-Befehl enthält. In der 500er-Gruppe stehen dann die Anforderungen für die Auswahl und Errichtung von elektrischen Betriebsmitteln. Der Abschnitt 537 enthält die speziellen Anforderungen für die Geräte zum Trennen und Schalten bei einem Not-Aus, siehe **Bild 1.5**.

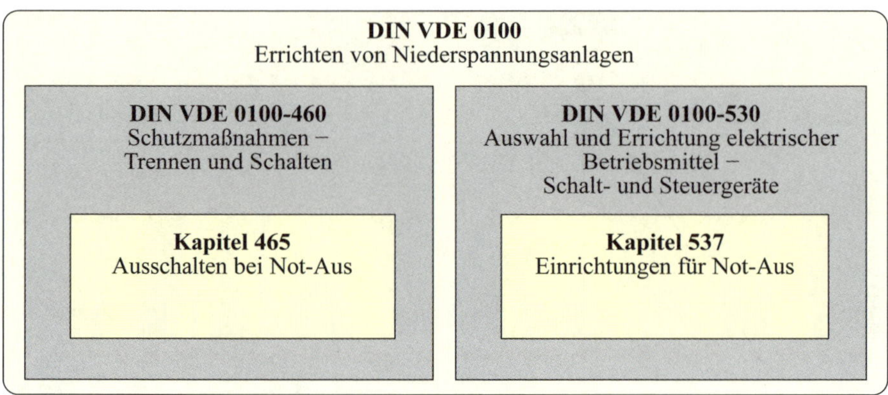

Bild 1.5 Normative Anforderungen für Not-Aus

1.4.5.1 Normative Anforderungen für Not-Aus

DIN VDE 0100-460 [14] enthält Anforderungen an Schutzmaßnahmen zum Schutz gegen elektrischen Schlag. Abschnitt 465 dieser Norm enthält Anforderungen für das Trennen der Energiezufuhr bei einem Not-Aus-Befehl. Anforderungen an Not-Halt-Funktionen enthält DIN EN 60204-1 (**VDE 0113-1**).

Eine Not-Aus-Befehlseinrichtung ist beispielsweise immer dann erforderlich, wenn der Basisschutz nur durch Abstand oder Hindernis erfolgt, wie er z. B. in elektrischen Betriebsstätten errichtet sein kann. Doch solche Räume dürfen nur von Elektrofachkräften betreten werden. In der Regel sind somit Not-Aus-Bedieneinrichtungen für Laien nicht zugänglich.

DIN VDE 0100-460 enthält für die Abschaltung bei einem Not-Aus-Befehl folgende Anforderungen:

- alle aktiven Leiter müssen getrennt werden (Anmerkung: Der Neutralleiter ist auch ein aktiver Leiter),
- Not-Aus-Befehle müssen so direkt wie möglich auf die Trenneinrichtung wirken,
- die Trenneinrichtung muss durch einen einzigen Vorgang ausgelöst werden,
- die Auslösung eines Not-Aus darf weder weitere Gefahren hervorrufen, noch den Betriebsablauf zur Beseitigung der Gefahr beeinträchtigen,
- die Auslösung eines Not-Aus darf nicht die Wirksamkeit von Schutzmaßnahmen beeinträchtigen.

1.4.5.2 Auswahl und Errichtung von Schaltgeräten für Not-Aus

DIN VDE 0100-530 [15] enthält Anforderungen an die Auswahl und Errichtung von Schalt- und Steuergeräten. DIN VDE 0100-530:2018-06, Abschnitt 537 enthält Anforderungen für Einrichtungen bei einem Not-Aus-Befehl.

Darin ist festgelegt, welche elektrischen Betriebsmittel für einen Not-Aus eingesetzt werden dürfen. Die Schaltgeräte, die bei einem Not-Aus-Befehl die Stromversorgung abschalten sollen, müssen den Volllaststrom der abzuschaltenden Anlage unterbrechen können, ebenso den Lastfluss von festgebremsten Motoren.

Für die Abschaltung bei einem Not-Aus-Befehl enthält diese Norm folgende Anforderungen:

- die Trenneinrichtung muss den Volllaststrom der Anlage sowie den Laststrom von festgebremsten Motoren abschalten können,
- die Trenneinrichtung kann aus einem einzelnen Schaltgerät oder aus einer Gerätekombination bestehen,
- Steckvorrichtungen dürfen nicht als Trenneinrichtung verwendet werden,
- als Trenneinrichtung dürfen folgende Schaltgeräte verwendet werden:
  - Lasttrennschalter,
  - Motorstarter,
  - Leistungsschalter;
- die Trenneinrichtung muss den Hauptstrom schalten,
- handbetätigte Trenneinrichtungen müssen als Not-Aus gekennzeichnet sein (roter Griff, gelber Hintergrund),
- fernbetätigte Trenneinrichtungen müssen nach dem Ruhestromprinzip (Spannungsunterbrechung) ausgelöst werden,
- Texte an oder auf Not-Aus-Bedieneinrichtungen, wie „Not-Aus“, sollten nicht angebracht werden,
- die Not-Aus-Bedieneinrichtung
  - muss leicht zugänglich,
  - leicht identifizierbar sein,
  - sich nach Betätigung selbst verriegeln,
  - darf nach Loslassen die Anlage nicht selbsttätig unter Spannung setzen,
  - muss Vorrang vor allen anderen sicherheitsbezogenen Funktionen haben.

2 Not-Halt und Not-Aus – warum und wie viel?

Es gibt genügend Gründe dafür: Die europäische Maschinenrichtlinie fordert auch die Normung heraus.

2.1 Die Not-Halt-Funktion

2.1.1 Was fordert die Maschinenrichtlinie und warum?

Not-Halt: Ja, gesetzlich vorgeschrieben. Not-Aus: Ein Rätsel ohne Lösung.

Die europäische Richtlinie 2006/42/EG, umgangssprachlich Maschinenrichtlinie, wurde durch die 9. Verordnung zum Produktsicherheitsgesetz (Maschinenverordnung) in Deutschland gesetzlich umgesetzt. Maschinen, die unter die Maschinenrichtlinie fallen, müssen über eine Not-Halt-Einrichtung verfügen.

Auszüge aus der Richtlinie 2006/42/EG, Anhang I zum Thema Not-Halt

1.2.2 Stellteile

Stellteile müssen außerhalb der Gefahrenbereiche angeordnet sein, erforderlichenfalls mit Ausnahme bestimmter Stellteile wie Not-Halt-Befehlsgeräten, ...

Stellteile müssen so gefertigt sein, dass sie vorhersehbaren Beanspruchungen standhalten; dies gilt insbesondere für Stellteile von Not-Halt-Befehlsgeräten, die hoch beansprucht werden können.

Erläuterung: DIN EN 60947-5-5 (**VDE 0660-210**) enthält deshalb auch eine Prüfung mit einem Pendelhammer, siehe Bild 1.4, um die Standhaftigkeit des Betätigers hinsichtlich der mechanischen Verrastung und dem Schlagen mit der Handfläche oder Faust zu testen.

1.2.4.3 Stillsetzen im Notfall

Jede Maschine muss mit einem Not-Halt-Befehlsgerät oder mehreren Not-Halt-Befehlsgeräten ausgerüstet sein, durch die eine unmittelbar drohende oder eintretende Gefahr vermieden werden kann.

Hiervon ausgenommen sind handgehaltene und/oder handgeführte Maschinen.

Erläuterung: Somit ist z. B. bei Handbohrmaschinen oder Winkelschleifern usw. kein Not-Halt-Befehlsgerät erforderlich.

1.2.4.3 Stillsetzen im Notfall (Fortsetzung)

Das Not-Halt-Befehlsgerät muss:

- deutlich erkennbare, gut sichtbare und schnell zugängliche Stellteile haben,
- den gefährlichen Vorgang möglichst schnell zum Stillstand bringen, ohne dass dadurch zusätzliche Risiken entstehen,
- erforderlichenfalls bestimmte Sicherheitsbewegungen auslösen oder ihre Auslösung zulassen.

Wenn das Not-Halt-Bediengerät nach Auslösung eines Haltbefehls nicht mehr betätigt wird, muss dieser Befehl durch die Blockierung des Not-Halt-Befehlsgeräts bis zur Freigabe aufrechterhalten bleiben; es darf nicht möglich sein, das Gerät zu blockieren, ohne dass dieses einen Haltbefehl auslöst. Das Gerät darf nur durch eine geeignete Betätigung freigegeben werden; durch die Freigabe darf die Maschine nicht wieder in Gang gesetzt, sondern nur das Wiederingangsetzen ermöglicht werden.

Die Not-Halt-Funktion muss unabhängig von der Betriebsart jederzeit verfügbar und betriebsbereit sein.

Not-Halt-Befehlsgeräte müssen andere Schutzmaßnahmen ergänzen, aber dürfen nicht an deren Stelle treten.

1.2.4.4 Gesamtheit von Maschinen

Sind Maschinen oder Maschinenteile dazu bestimmt zusammenzuwirken, so müssen sie so konstruiert und gebaut sein, dass die Einrichtungen zum Stillsetzen, einschließlich der Not-Halt-Befehlsgeräte, nicht nur die Maschine selbst stillsetzen können, sondern auch alle damit verbundenen Einrichtungen, wenn von deren weiterem Betrieb eine Gefahr ausgehen kann.

1.2.5 Wahl der Steuerungs- und Betriebsarten

Die gewählte Steuerungs- oder Betriebsart muss allen anderen Steuerungs- und Betriebsfunktionen außer dem Not-Halt übergeordnet sein.

6.2 Stellteile

Im Betrieb müssen diese Stellteile Vorrang vor anderen Stellteilen für dieselbe Bewegung haben, Not-Halt-Geräte ausgenommen.

2.1.2 Weitere Hintergründe der Maschinensicherheit

Mindestens einen Not-Halt muss es an einer Maschine geben. Wegdiskutieren hilft nicht, auch wenn so manch einer das gerne immer wieder versucht.

Die Maschinenrichtlinie misst dem Not-Halt eine große Bedeutung bei, sodass jede Maschine immer mindestens ein Not-Halt-Befehlsgerät haben muss.

Woher kommt diese rigorose Anforderung bloß?

Zum einen dürfen wir nicht vergessen, dass die Maschinenrichtlinie den Begriff Maschine sehr weitläufig formuliert hat. Das führt dazu, dass wegen dieser Begrifflichkeit nicht nur Maschinen im Sinne der industriellen Anwendung unter die Maschinenrichtlinie fallen, sondern auch viele „Produkte", die wir im Alltag antreffen, z. B. die Fahrtreppe im Kaufhaus.

Anderseits können immer wieder Situationen entstehen, die einfach nicht vorhersehbar sind: Ein zu verarbeitendes Material wird zu einer unkontrollierbaren Gefahr, weil es sich entzündet oder herausgeschleudert wird, oder aber ein menschliches Fehlverhalten ist Ursache für eine gefährliche Situation, die es schnellstmöglich zu beenden gilt.

Darum muss es jedem möglich sein, ob Laie, Techniker oder Maschinenbediener, diesen Gefahrenzustand beenden zu können: intuitiv und selbstverständlich.

Die Maschinenrichtlinie geht sogar so weit, dass ein Not-Halt-Befehlsgerät, das als Einheit, also mit einer Bestellnummer des Herstellers dieses Geräts, in den Verkehr gebracht wird, als ein Sicherheitsbauteil betrachtet wird.

Auszug aus der Richtlinie 2006/42/EG, Anhang V, nicht erschöpfende Liste der Sicherheitsbauteile im Sinne des Art. 2 Buchstabe c

...

10. Not-Halt-Befehlsgeräte

...

Anmerkung: Sicherheitsbauteile im Sinne der Maschinenrichtlinie müssen wie eine Maschine einer Risikobeurteilung unterzogen werden. Es muss eine Konformitätserklärung in der Amtssprache des Verwenderlands ausgestellt werden. Ebenso muss eine Betriebsanleitung in der jeweiligen Amtssprache des Verwenderlands mit dem Gerät geliefert werden.

Durch das Prinzip der harmonisierten Normen in der Maschinenrichtlinie sind die beiden nachfolgenden Normen von entscheidender Bedeutung:

- Die DIN EN ISO 13850 beschreibt grundsätzliche Anforderungen für eine Not-Halt-Funktion,
- die DIN EN 60204-1 (**VDE 0113-1**) enthält grundsätzliche Anforderungen für Not-Halt- und Not-Aus-Bedieneinrichtungen hinsichtlich der elektrischen Ausrüstung.

2.1.3 Die Risikobeurteilung nach DIN EN ISO 12100

Not-Halt und die Risikobeurteilung: Feuer und Wasser. Was geht überhaupt? Und die Anforderung „gemäß Risikobeurteilung“ tut jedem Techniker und Ingenieur weh.

Schauen wir zunächst in die DIN EN ISO 12100. In **Bild 2.1** ist der grundsätzliche Ablauf oder Prozess der Risikobeurteilung abgebildet.

Jeder Maschinenhersteller ist verpflichtet, eine Risikobeurteilung vorzunehmen, um alle mit seiner Maschine verbundenen Gefährdungen zu identifizieren, ihre Risiken einzuschätzen und zu bewerten und die Maschine unter deren Berücksichtigung zu entwerfen und zu bauen.

Die Durchführung der Risikobeurteilung muss als konstruktionsbegleitender Prozess verstanden und von Experten verschiedener Fachrichtungen vorgenommen werden.

Aus diesem Prozess werden risikomindernde Maßnahmen abgeleitet, wie in **Bild 2.2** dargestellt.

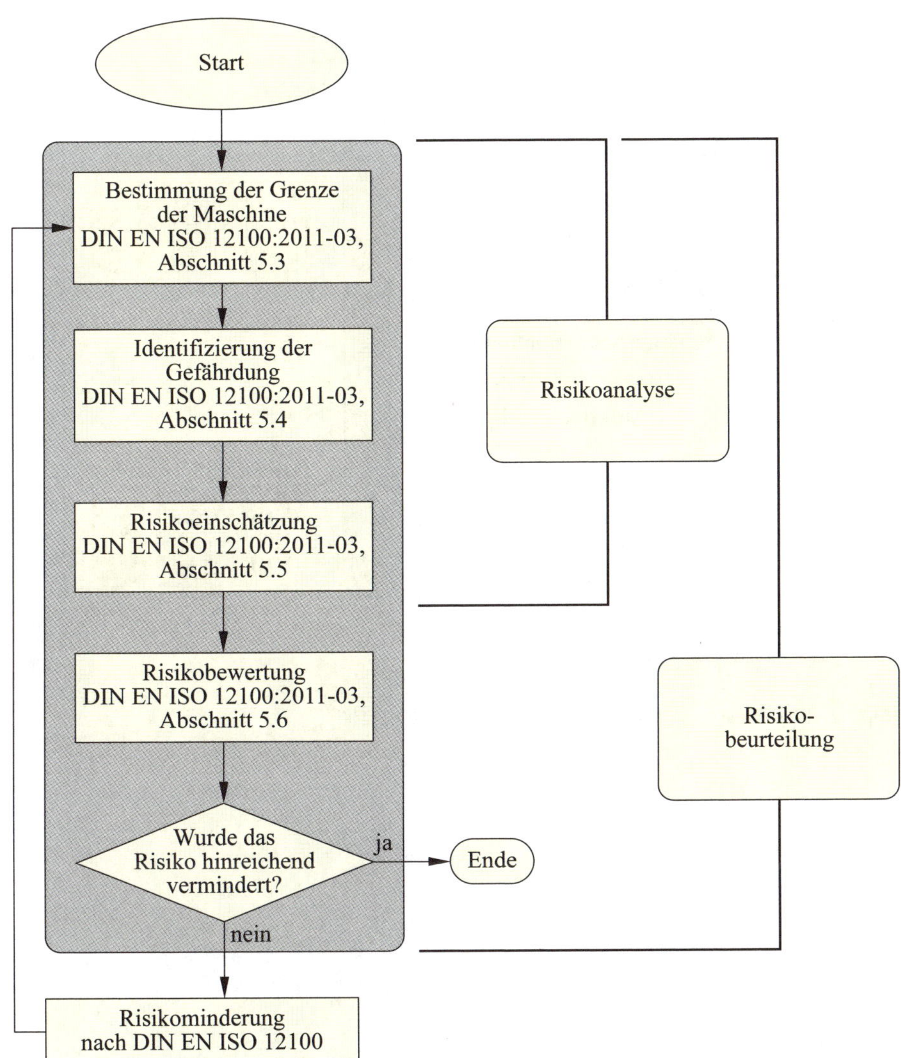

Bild 2.1 Prozess der Risikobeurteilung nach DIN EN ISO 12100:2011-03

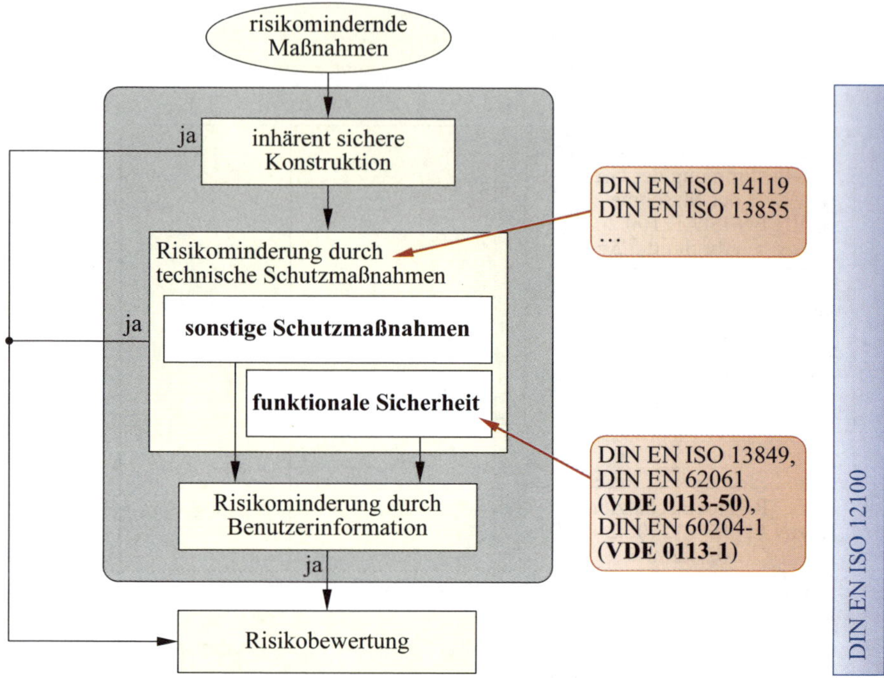

Bild 2.2 Risikomindernde Maßnahmen nach DIN EN ISO 12100

2.1.4 Keine risikomindernde Maßnahme

Hier liegt das Übel aller Überlegungen: Die Not-Halt-Funktion ist und wird niemals eine risikomindernde Maßnahme sein.

Weitere oder sonstige Schutzmaßnahmen sind per se ergänzend, also additiv: so auch die Not-Halt-Funktion.

Auszug aus DIN EN ISO 12100:2011-03, Abschnitt 6.3.5.2

Bauteile und Bauelemente zum Stillsetzen im Notfall

Wenn aufgrund der Risikobeurteilung eine Maschine mit Bauteilen und -elementen zum Erreichen eines Stillsetzens im Notfall ausgerüstet werden muss, damit es möglich ist, unmittelbare oder drohende Notsituationen abzuwenden, gelten folgende Anforderungen:

- die Stellteile müssen deutlich erkennbar, gut sichtbar und schnell zugänglich sein,
- der gefährdende Vorgang muss möglichst schnell gestoppt werden, ohne zusätzliche Gefährdungen hervorzurufen; aber wenn dies nicht möglich ist oder das Risiko nicht vermindert werden kann, sollte die Frage gestellt werden, ob die Realisierung der Funktion zum Stillsetzen im Notfall die beste Lösung ist; falls erforderlich, muss die Einrichtung zum Stillsetzen im Notfall bestimmte Bewegungen in Richtung eines sicheren Zustands auslösen oder deren Auslösung ermöglichen.

DIN EN ISO 12100 erwähnt ausdrücklich das Stillsetzen im Notfall unter den „sonstigen Schutzmaßnahmen“ und ordnet diese bewusst nicht als risikomindernde Schutzmaßnahme ein.

Damit ist verständlich, dass es sich um etwas Zusätzliches neben den risikomindernden Schutzmaßnahmen handelt und diese somit gesondert zu betrachten sind.

Hinweis:

Im Grunde ist selbst die Begrifflichkeit „ergänzende Schutzmaßnahme“, die sich umgangssprachlich eingebürgert hat, grundlegend verkehrt: Eine Schutzmaßnahme ist eine vorhersehbare und bewusste Maßnahme.

Not-Halt ist jedoch nicht vorhersehbar und somit müsste stattdessen von einer „ergänzenden Maßnahme“ gesprochen werden.

2.1.5 Zusätzliche Not-Halt-Befehlsgeräte

Auch das ist notwendig und sinnvoll: Steuerstellen müssen ein Not-Halt-Befehlsgerät haben. Wenn nicht hier, warum dann woanders?

Grundsätzlich muss an jeder Steuerstelle entsprechend DIN EN ISO 13850 ein Not-Halt-Befehlsgerät vorhanden sein. Die Funktion muss jederzeit verfügbar und funktionsfähig sein.

Auszug aus DIN EN ISO 13850:2016-05, Abschnitt 4.3.2

Ein Not-Halt-Gerät muss angebracht sein:

- an jeder Bedienstation, ausgenommen, wo die Risikobewertung ergibt, dass es nicht erforderlich ist;
- an anderen Orten, wie durch die Risikobeurteilung ermittelt wurde, z. B.:
  - an Ein- und Ausgängen,
  - an den Orten, an denen ein Eingriff in die Maschine notwendig ist, z. B. Arbeitsprozesse mit einer Tippschalterfunktion,
  - an allen Orten, wo eine Mensch-Maschinen-Interaktion aufgrund der Konstruktion erwartet wird (beispielsweise Belade-/Entladebereiche).

Zusätzlich müssen, wenn notwendig, weitere Not-Halt-Befehlsgeräte vorgesehen werden, z. B. wenn aufgrund einer Risikobeurteilung an weiteren Stellen die Notwendigkeit festgestellt wurde.

Auszug aus DIN EN 60204-1 (VDE 0113-1):2019-06, Abschnitt 10.7.1

Geräte für Not-Halt müssen leicht erreichbar sein.

Geräte für Not-Halt müssen an allen anderen Orten vorgesehen werden, an denen die Einleitung eines Not-Halts erforderlich sein kann.

Wenn eine Verwechselung zwischen aktiven und inaktiven Not-Halt-Geräten möglich ist, z. B. bei ausgesteckten oder in anderer Weise deaktivierten Bedienstationen, müssen Maßnahmen vorgesehen werden (z. B. durch Ausgestaltung und Angaben in der Bedienungsanleitung), um eine Verwechslung zu minimieren.

Steckbare Steuerstellen

Werden steckbare Steuerstellen verwendet, so befindet sich auf dieser steckbaren Steuerstelle ein Not-Halt-Befehlsgerät. Wird jedoch eine solche steckbare Steuerstelle entfernt, verfügt die betreffende Maschine über keine Not-Halt-Befehlseinrichtung mehr. In diesem Fall muss „vor Ort“ ein eigenständiges Not-Halt-Befehlsgerät vorgesehen werden.

Kabellose Steuerstellen

Bei kabellosen Steuerungen kann die gleiche Situation eintreten, wie sie bei steckbaren Steuerstellen möglich ist. Auch bei kabellosen Steuerungen besteht die Möglichkeit, dass diese sich nicht in der Nähe der Maschine befindet. Auch in solchen Fällen muss zusätzlich ein unabhängiges Not-Halt-Befehlsgerät „vor Ort“ vorgesehen werden.

Zusatzsteuerstellen mit langer Zuleitung

Bei weitläufigen Maschinen, z. B. bei großen Karusselldrehbänken, wird häufig neben der „Haupt“-Steuerstelle mit dem Not-Halt-Befehlsgerät zusätzlich eine weitere Steuerstelle mit einer langen Anschlussleitung und den wichtigsten Befehlsgeräten für den Einrichter vorgesehen. Solche „Hilfssteuerstellen“ müssen natürlich auch über ein eigenes Not-Halt-Befehlsgerät verfügen.

Berührungssensitive Bildschirme

Berührungssensitive Bildschirme, auch als Touchscreens bezeichnet, werden auch zur Bedienung von Maschinen verwendet. Doch ein Not-Halt-Befehlsgerät muss kontaktbehaftet und mit einer Verrastung ausgeführt sein. Dies ist bei einem berührungssensitiven Bildschirm jedoch nicht möglich. Auch in diesem Fall muss zusätzlich immer ein eigenständiges Not-Halt-Befehlsgerät „vor Ort“ vorgesehen werden.

Große ausgedehnte Maschinen

Große Maschinen, z. B. eine Walzstraße oder eine Papiermaschine, können oft mehrere 100 m lang sein. Doch wo sollen bei solchen Maschinen weitere Not-Halt-Befehlsgeräte vorgesehen werden? Bei so großen Maschinen können Teile der Maschine sogar komplett eingehaust sein. Solche Einhausungen können dann schon mal 50 m lang sein. An solchen Stellen ergibt natürlich die Errichtung eines Not-Halt-Bediengeräts keinen Sinn.

Doch auch große Maschinen haben Zugangsstellen, und es gibt auch Beobachtungsstellen mit Sichtkontakt zum Bearbeitungsprozess. An solchen Stellen sind natürlich zusätzliche Not-Halt-Befehlsgeräte notwendig. Gibt es keine speziellen punktuellen Stellen, sondern besteht ein ganzer Bereich aus Beobachtungsstellen, dann sollte entsprechend DIN EN 415-10 [16] ein max. Abstand zwischen zwei Not-Halt-Befehlsgeräten von ≤ 10 m eingehalten werden. Die Anforderungen aus dieser Norm, die ja eigentlich für Verpackungsmaschinen gilt, können auch bei anderen Maschinen angewandt werden, solange in der spezifischen Maschinennorm dazu keine Angaben gemacht werden.

Aufhebung einer Not-Halt-Auslösung

Bei der Betrachtung von zusätzlichen Befehlsgeräten muss beachtet werden, dass eine Rückstellung, also die Aufhebung der mechanischen Verrastung des Not-Halt-Befehlsgeräts, immer an dem Gerät erfolgen muss, das ausgelöst wurde.

2.1.6 Quantitative und qualitative Einstufung und Bewertung

Not-Halt stellt eine ergänzende Schutzmaßnahme gemäß DIN EN ISO 12100 dar und ist somit keine Sicherheitsfunktion im eigentlichen Sinne. Aber eine Bewertung, so als wäre es eine Sicherheitsfunktion, ist nicht verboten.

„Gemäß Risikobeurteilung" oder „abhängig von der Risikobeurteilung" sind Formulierungen, die niemand braucht und die in das Thema noch mehr Verwirrung bringen, statt Hilfestellung anzubieten.

Eine Not-Halt-Funktion kann keiner Risikobeurteilung wie eine Sicherheitsfunktion unterzogen werden. Das wird nicht wirklich gut funktionieren: Allein bei dem Versuch, die Risikoparameter „Häufigkeit" und „Vermeidbarkeit" zu beschreiben, ist mindestens eine Generation an Sicherheitsexperten (der Überlieferung zufolge entstand die Maschinenrichtlinie Mitte der 1980er-Jahre) bereits gescheitert bzw. hat keinen Konsens finden können.

Verwunderlich? Nein, weil eine Not-Halt-Funktion immer an einer Maschine vorhanden sein muss, und das erst einmal unabhängig von den potenziellen Gefahren, die von dieser Maschine ausgehen könnten.

Ein Beispiel: Bei der Abnahme der Gepäckförderstrecke eines internationalen deutschen Flughafens wurde darüber diskutiert, ob der Not-Halt in Kategorie 4 ausgelegt werden sollte. Auf die Frage, wie viele Menschen sich zeitgleich in dem Bereich aufhalten werden, wurde eine einzelne Fachkraft genannt, und diese wäre auch meistens nur dann anwesend, wenn eine Störung vorläge. Daraufhin wurde wissenschaftlich argumentiert, dass eine Kategorie 1 wohl ausreichend sei. Wie die Diskussion hinsichtlich der Abstände zwischen den einzelnen Not-Halt-Befehlsgeräten ausging, stellen wir uns besser nicht vor.

Wie also kann eine Einstufung dann überhaupt gelingen?

Kapitel 4.2.5 des Buchs versucht eine Lösung im Hinblick auf die Normen und Anwendungen anzubieten.

Im Kern reicht eine Einstufung von SIL 1 gemäß DIN EN 62061 (**VDE 0113-50**) oder von PL c gemäß DIN EN ISO 13849-1. Und ein SIL oder PL deshalb, weil das Betätigen des roten Knopfs meistens doch auch eine Wirkung haben soll. DIN EN ISO 13850 sagt das zukünftig auch in klaren und unmissverständlichen Worten.

Warum so manche Berater oder Sicherheitsexperten SIL 3 gemäß DIN EN 62061 (**VDE 0113-50**) oder PL e gemäß DIN EN ISO 13849-1 empfehlen, wird für immer ein Geheimnis bleiben.

Wenn wir uns die Realisierung und Bewertung einer Not-Halt-Funktion im Detail anschauen, dann stellen wir überraschend fest, dass es nie ein Problem für den Nachweis gibt.

Die entscheidende Frage lautet zum Schluss immer nur, ob eine ein- oder zweikanalige Verdrahtung des Not-Halt-Befehlsgeräts notwendig ist oder nicht (z. B. auch zur Querschlusserkennung). Daran ändert auch z. B. ein B_{10D} von 100 000 Schaltspielen nichts, da die Ausfallrate $MTTF_D$ immer weit über 100 Jahre liegen wird.

2.2 Die Not-Aus-Funktion

Eine Not-Aus-Funktion ist keine Not-Halt-Funktion.

2.2.1 Was fordert die Maschinenrichtlinie und warum?

Gesetzliche Grundlagen

Eine wahre Not-Aus-Funktion wird nur bei reduziertem Basisschutz benötigt, z. B. in elektrischen Betriebsstätten, wo der Basisschutz durch Abstand oder Hindernis realisiert wird.

Da im Volksmund und leider auch von Fachleuten alle roten „Knöpfe“ mit gelbem Hintergrund als Not-Aus bezeichnet werden, entsteht der Eindruck, dass ein Not-Aus überall notwendig ist. Doch ist nur der Not-Halt für Maschinen durch die nationale Umsetzung der Maschinenrichtlinie in allen europäischen Staaten gesetzlich vorgeschrieben.

2.2.2 Weitere Hintergründe der Maschinensicherheit

Nur einfacher Basisschutz erforderlich

Als Schutzmaßnahme wird ein Not-Aus gar nicht benötigt. Eigentlich dürfen Not-Aus-Befehlsgeräte für den Laien nicht zugänglich sein. Nur in Bereichen, in denen der Basisschutz als Schutz gegen elektrischen Schlag mit einfachen, überwindbaren Mitteln hergestellt ist, z. B. Schutz durch Hindernis oder Schutz durch Anordnung (von aktiven Teilen) außerhalb des Handbereichs, ist die Notwendigkeit eines Not-Aus-Befehlsgeräts in den einschlägigen Normen festgelegt. Doch zu solchen Räumen, man nennt sie auch elektrische Betriebsstätten, darf der Laie keinen Zutritt haben.

Schalten oder Trennen?

Die Funktion, die hinter einem Not-Aus-Signal steht, ist relativ einfach. Bei Auslösung eines Not-Aus-Befehlsgeräts ist die Abschaltung der elektrischen Energie vorzunehmen. Dabei müssen Schaltgeräte verwendet werden, die eine galvanische Trennung der Stromversorgung sicherstellen. Dabei muss das Schaltgerät Trennereigenschaften haben. Schütze dürfen für eine solche Abschaltung nicht verwendet werden.

Stopp-Kategorie beachten

Bei Auslösung eines Not-Aus-Befehlsgeräts wird unverzögert die elektrische Versorgung abgeschaltet. Eine solche Abschaltung entspricht der Stopp-Kategorie 0. Erfolgt eine solche Abschaltung bei einer Maschine, muss geprüft werden, ob die Antriebe in dieser Stopp-Kategorie stillgesetzt werden dürfen.

Wofür wird dann ein Not-Aus überhaupt benötigt?

In elektrischen Betriebsstätten darf der Basisschutz mittels Hindernis oder Abstand realisiert werden. Der Grund dafür ist, dass Elektrofachkräfte oder elektrotechnisch unterwiesene Personen für Einstell- oder Servicearbeiten an der elektrischen Ausrüstung Zugang haben müssen, ohne dass irgendwelche Umhüllungen demontiert werden müssen. Durch den einfachen Basisschutz besteht natürlich auch für Elektrofachkräfte die Gefahr, dass sie trotz ihres Fachwissens und ihres gewissenhaften Verhaltens spannungsführende Teile berühren können. Tritt bei der Berührung eine Muskelverkrampfung auf, können sie sich nicht mehr selbst von diesen lösen. Um eine solche Person bergen zu können, muss vorher die elektrische Versorgung abgeschaltet werden, und zwar per Not-Abschaltung, die mittels eines Not-Aus-Befehlsgeräts ausgelöst wird.

Weitere Details enthält Kapitel 5 dieses Buchs.

2.2.3 Quantitative und qualitative Einstufung und Bewertung

Funktionale Sicherheit mit SIL gemäß DIN EN 62061 (**VDE 0113-50**) oder PL gemäß DIN EN ISO 13849-1 für Not-Aus-Funktionen?

In Nuklearanlagen wird dieses Thema immer wieder mal diskutiert: Not-Aus in SIL 3 gemäß DIN EN 62061 (**VDE 0113-50**). Unpassend nur, dass dann eine redundante Abschaltung mittels Haupteinspeisung erfolgen müsste. Das wiederum wird aber nicht akzeptiert oder ist gar nicht machbar.

Meistens werden heute Not-Aus-Funktionen im Umfeld der Maschinensicherheit mittels der Unterbrechung der elektrischen Einspeisung, also eines Leistungsschalters, realisiert: Dieser ist ohnehin vorhanden, warum diesen also nicht auch für Not-Aus nutzen?

Da nun eine Maschine doch so manche Sicherheitsfunktion und auch noch mindestens einen Not-Halt hat, kommt die nächste Idee, den Not-Aus auch wie einen Not-Halt hinsichtlich SIL gemäß DIN EN 62061 (**VDE 0113-50**) oder PL gemäß DIN EN ISO 13849-1 zu fordern und zu bewerten.

Jetzt aber wird die Sache recht unerfreulich, da die Anforderung an diese Not-Aus-Funktion als auch eine anschließende Bewertung nicht wirklich schlüssig beschreibbar sind. Stichwort: ergänzende Sicherheitsfunktion.

Was beim Not-Halt bereits oft ein emotionales Einschätzen ist, wird beim Not-Aus zum ausgewachsenen Albtraum: „Wie viel darf es denn sein?“ wäre wohl die bessere Fragestellung.

Wie hoch ist der erreichbare SIL gemäß DIN EN 62061 (**VDE 0113-50**) oder PL gemäß DIN EN ISO 13849-1 für einen Leistungsschalter, der über eine händische Betätigung mechanisch ausgelöst wird? Sehr hoch. Nach der reinen Lehre: SIL 1 gemäß DIN EN 62061 (**VDE 0113-50**) oder PL c gemäß DIN EN ISO 13849-1 als „bewährtes Bauteil“.

Aber dieser Ansatz ist mehr als unglücklich und nicht zielführend: Ein Leistungsschalter oder selbst ein Leistungsschütz, mit dem die Spannung abgeschaltet werden soll, und das nicht einmal im Fehlerfall der elektrischen Ausrüstung, unterliegt nicht den Betrachtungen der funktionalen Sicherheit. Wenn dieser Leistungsschalter das nicht im Normalfall kann, wer dann noch? Etwa ein Zweiter?

Eine Ausfallrate für diesen besonderen Fall zu fordern ist nicht des Rätsels Lösung: Die systematische Integrität, also der richtige Leistungsschalter am richtigen Ort, ist das entscheidende Kriterium. Es gibt sie, diese Geräte, die trotz ihrer hohen Verantwortung nicht überwacht werden oder von denen dann nicht einmal zwei verwendet werden. Diese Qualität ist bewährt und muss nicht auch noch mit einem SIL gemäß DIN EN 62061 (**VDE 0113-50**) oder PL gemäß DIN EN ISO 13849-1 bewertet werden.

Funktionale Sicherheit einer Not-Aus-Funktion muss nicht sein: Lieber die Finger davon lassen, weil nichts dadurch sicherer wird und die kostbare Zeit für die Ermittlung wirklicher Gefährdungen einer Maschine vergeudet wird.

2.3 Stopp-Kategorien

Stopp-Kategorien oder Stopp-Funktionen werden fälschlicherweise zu oft mit Not-Halt und Not-Aus gleichgesetzt. Dabei gelten sie grundsätzlich für alle Maschinenfunktionen.

In DIN EN 60204-1 (**VDE 0113-1**) werden die Stopp-Funktionen in drei Kategorien aufgeteilt, auch Stopp-Kategorien des Weiteren genannt.

Auszug aus DIN EN 60204-1 (VDE 0113-1):2019-06

9.2.2 Kategorien der Stopp-Funktionen

Es gibt folgende drei Kategorien von Stopp-Funktionen:

- **Stopp-Kategorie 0**: Stillsetzen durch sofortiges Unterbrechen der Energiezufuhr zu den Maschinen-Antriebselementen (d. h. ein ungesteuertes Stillsetzen, siehe Abschnitt 3.1.64 der Norm);
- **Stopp-Kategorie 1**: ein gesteuertes Stillsetzen (siehe Abschnitt 3.1.14 der Norm), bei der die Energiezufuhr zu den Maschinen-Antriebselementen beibehalten wird, um das Stillsetzen zu erzielen. Die Energiezufuhr wird erst dann unterbrochen, wenn der Stillstand erreicht ist;
- **Stopp-Kategorie 2**: ein gesteuertes Stillsetzen, bei dem die Energiezufuhr zu den Maschinen-Antriebselementen erhalten bleibt.

In **Bild 2.3**, **Bild 2.4** und **Bild 2.5** ist das Prinzip der Stopp-Kategorien abgebildet.

Oft wird dabei vergessen, dass DIN EN 60204-1 (**VDE 0113-1**) hier alle Maschinenfunktionen adressiert und den Anwender darauf aufmerksam machen möchte, welche Art von Stopp-Funktionen es im Sinne der allgemeinen Risikobeurteilung immer zu betrachten gilt.

Erst im Abschnitt 9.2.3.4.2 der DIN EN 60204-1 (**VDE 0113-1**) werden diese Stopp-Kategorien mit der Not-Halt-Funktion in Verbindung gebracht.

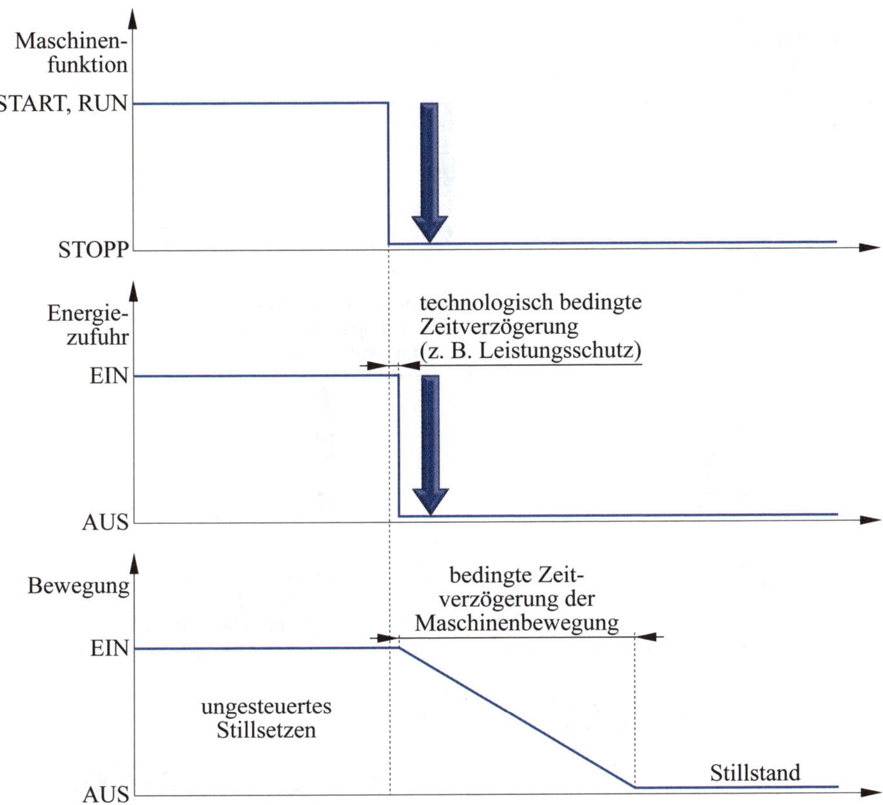

Bild 2.3 Stopp-Kategorie 0 gemäß DIN EN 60204-1 (**VDE 0113-1**)

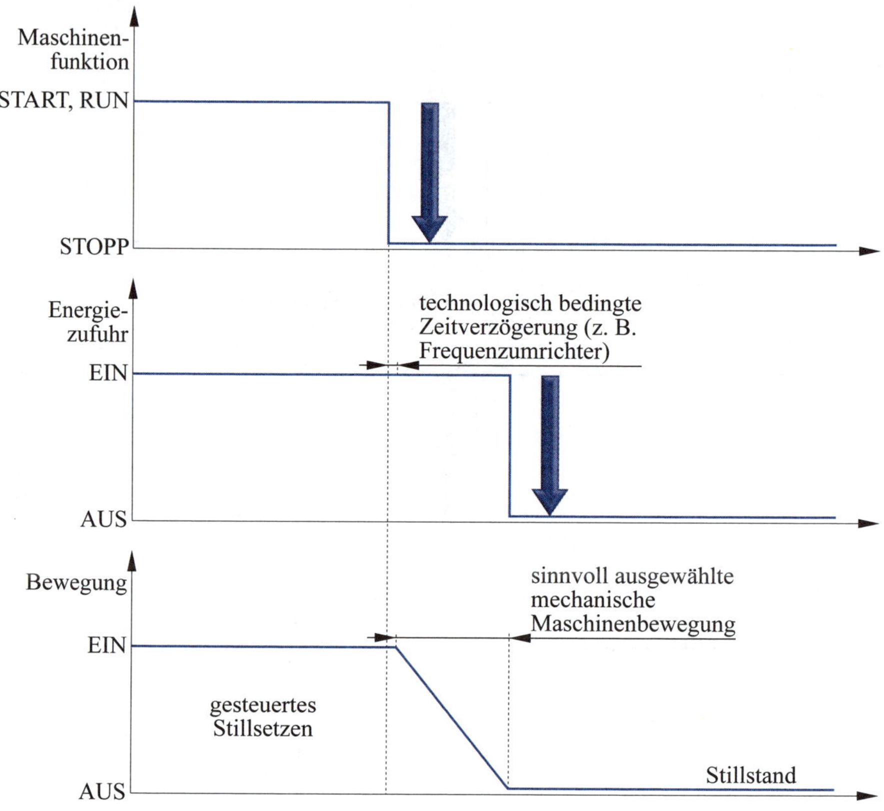

Bild 2.4 Stopp-Kategorie 1 gemäß DIN EN 60204-1 (**VDE 0113-1**)

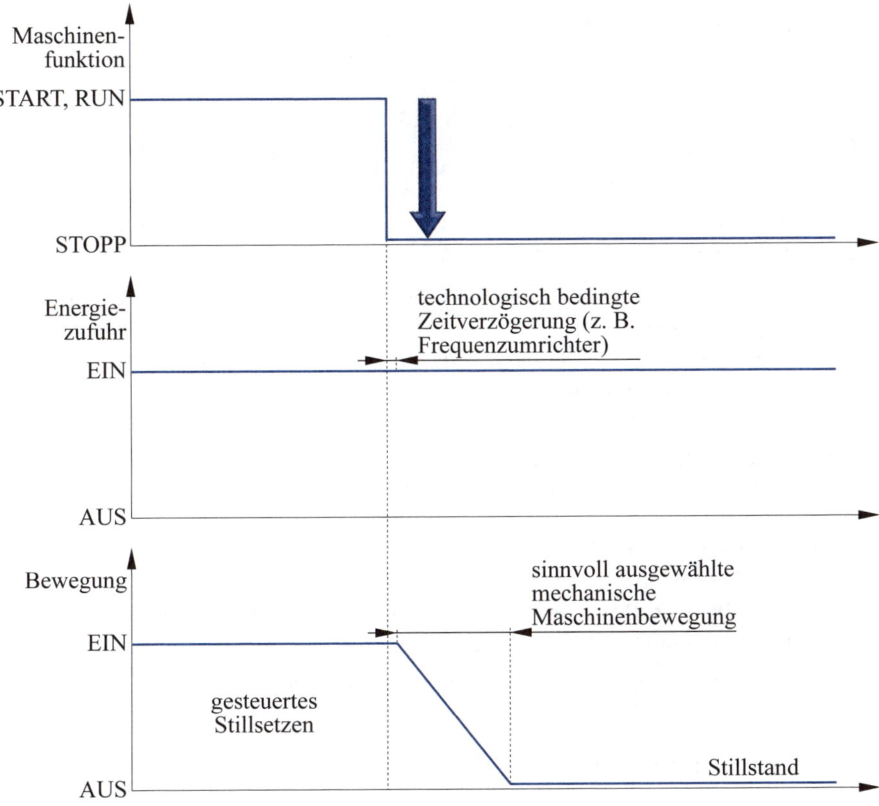

Bild 2.5 Stopp-Kategorie 2 gemäß DIN EN 60204-1 (**VDE 0113-1**)

Auszug aus DIN EN 60204-1 (VDE 0113-1):2019-06

9.2.3.4.2 Not-Halt

Anforderungen für die funktionalen Aspekte der Not-Halt-Einrichtung enthält DIN EN ISO 13850.

Der Not-Halt muss entweder Stopp-Kategorie 0 oder Stopp-Kategorie 1 entsprechen. Die Wahl der Stopp-Kategorie bei einem Not-Halt ist abhängig von den Ergebnissen einer Risikobeurteilung der Maschine.

Ausnahme: In manchen Fällen kann es zur Vermeidung der Erzeugung zusätzlicher Risiken notwendig sein, nach einem Not-Halt-Befehl einen kontrollierten Halt auszuführen, bei dem die Energiezufuhr zum Maschinenstellantrieb erhalten bleibt. Der Stillstand muss überwacht werden. Beim Erkennen eines Fehlers muss die Energiezufuhr, ohne eine Gefahr zu erzeugen, unterbrochen werden.

Zusätzlich zu den Anforderungen für Stopp entsprechend Abschnitt 9.2.3.3 der Norm, gelten für die Not-Halt-Funktion folgende Anforderungen:

- sie muss gegenüber allen anderen Funktionen und Betätigungen in allen Betriebsarten Vorrang haben;
- eine gefährliche Bewegung muss so schnell wie möglich ohne Erzeugung anderer Gefahren gestoppt werden;
- das Rücksetzen darf keinen Wiederanlauf einleiten.

Warum wird von Energiezufuhr gesprochen?

Weil jede Art von Bewegung Energie benötigt, z. B. das Drehmoment. Würde man Spannung oder Strom verwenden, dann wäre ein gesteuertes Stillsetzen mit einem Umrichter nicht mehr möglich. Ein Umrichter unterbricht zwar die Energiezufuhr, stellt aber keine Unterbrechung der Spannung und des Stroms im Sinne einer galvanischen Trennung dar.

Nachfolgende Beispiele können dies verdeutlichen:

- Stopp-Kategorie 0:
  Bei einem Leistungsschütz wird unverzögert die Steuerspannung abgeschaltet und die Hauptstrombahnen öffnen nach ca. 20 ms bis 50 ms (technologiebedingt); ein Motor wird dann aufgrund der Reibung zum Stillstand kommen.
- Stopp-Kategorie 1:
  Ein Umrichter steuert über eine „Stopp-Rampe“ so schnell wie möglich die Drehzahl eines Motors und unterbricht im Stillstand dann mittels Reglersperre die Energiezufuhr.

- Stopp-Kategorie 2:
  Eine hängende Achse einer Werkzeugmaschine wird in einer Lageregelung auf Position gehalten (**Bild 2.6**).

Und woher kommt nun die Einschränkung auf die Stopp-Kategorien 0 und 1 für den Not-Halt?

Der ursprüngliche Grund dafür ist, dass nur ein energieloser Zustand auch ein sicherer Zustand sein kann. Schließlich reden wir vom Not-Halt, der auf unbestimmte Zeit aktiv sein kann.

Anzumerken bleibt auch, dass eine Stopp-Kategorie 0 immer einer Stopp-Kategorie 1 vorzuziehen ist. Erst wenn ein Gefahr bringendes „Austrudeln" der Maschinenbewegung zu befürchten ist, dann soll dies mit einer gesteuerten Stillsetzung schneller beendet werden.

Übrigens: Ein Not-Aus ist per Definition immer eine Stopp-Kategorie 0. Spannung weg, Energie weg.

Nun stellt sich aber in der Praxis die Frage, warum nicht heutzutage trotzdem eine Stopp-Kategorie 2 erlaubt wird? Zumindest noch nicht.

Derzeit finden diesbezüglich intensive Diskussionen in den Normungsgremien statt – zu Recht.

a)
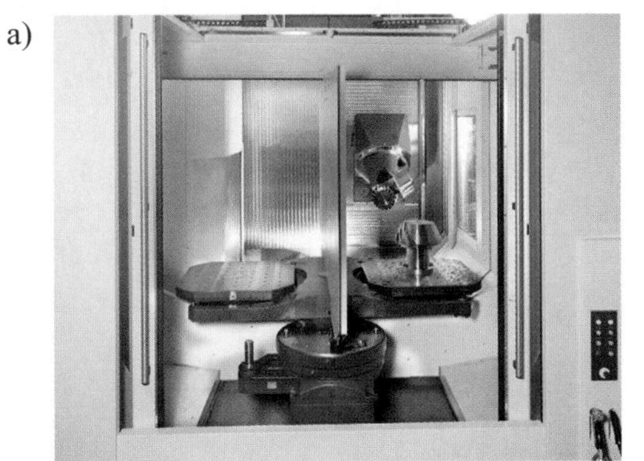

b)

Bild 2.6 „Hängende Achse", auch im Notfall mit Bremse – a) und b) Vier-Achs-Horizontalbearbeitungszentrum H4000 (Quelle: Gebr. Heller Maschinenfabrik GmbH, Nürtingen)

3 Grundlegende Merkmale

Nachfolgende Anforderungen sind generelle Anforderungen, die sowohl für Not-Halt- als auch für Not-Aus-Bediengeräte gelten. Und Rot kann sogar eine RAL-Nummer haben.

3.1 Sicherheits- und Kontrastfarben

Damit ein Not-Bediengerät sich von seiner Umgebung erkennbar abhebt und damit schnell erkannt (lokalisiert) werden kann, wurde die Farbe Rot für das Bedienteil und die Farbe Gelb für den Hintergrund festgelegt. Die entsprechende RAL-Nummer zu den Signalfarben ist in DIN 4844-1 [17] festgelegt, siehe **Tabelle 3.1**.

Bedienelement	rot	RAL 3001 (signalrot)	Sicherheitsfarbe
Hintergrund	gelb	RAL 1003 (signalgelb)	Kontrastfarbe

Tabelle 3.1 Farbcode für Not-Bediengeräte

Weitere Farbkennzeichnungen an Not-Bedienteilen sind nicht gefordert. Bei manchen Not-Bedienteilen, die im Handel sind, ist am Schaft zusätzlich ein grüner Ring unterhalb des roten Bedienteils im nicht betätigten Zustand zu sehen, der jedoch nicht genormt ist. Die Sinnhaftigkeit solcher zusätzlichen farblichen „Informationen" ist auch nur schwer zu verstehen. Wobei der grüne Ring sowieso nur bei einem seitlichen Blick sichtbar ist.

DIN EN 61310-1 (**VDE 0113-101**) [18] legt fest, dass die Farbe Rot für Gefahr steht und im Zusammenhang mit Maschinen einen Notfall verdeutlicht.

Normalerweise darf die Farbe Gelb entsprechend DIN ISO 3864-1 [19] nur im Zusammenhang mit der Kontrastfarbe Schwarz für Markierungen verwendet werden, die vor Gefahrenstellen und Hindernissen warnen, um die Gefahr des Anstoßens, Stürzens oder Stolperns für Personen zu signalisieren (siehe **Bild 3.1**).

Bild 3.1 Gefahrenmarkierung mit der Sicherheitsfarbe Gelb und der Kontrastfarbe Schwarz (Quelle: DIN ISO 3864-1)

Bild 3.2 Not-Bedienteil mit der Sicherheitsfarbe Rot und der Kontrastfarbe Gelb

Mit dem Hinweis auf DIN EN ISO 13850 wird die Ausnahme festgelegt, dass die Kombination von Sicherheitsfarbe und Kontrastfarbe bei Not-Bedienteilen anders sein darf. Dies bedeutet, dass das Bedienteil in der Sicherheitsfarbe Rot und der Hintergrund in der Kontrastfarbe Gelb ausgeführt sein muss, siehe **Bild 3.2**. Die Farben müssen einer festgelegten RAL-Nummer entsprechen, siehe Tabelle 3.1.

Der Hinweis auf DIN EN ISO 13850 in DIN EN 61310-1 (**VDE 0113-101**) weist darauf hin, dass der Hintergrund für Not-Bedieneinrichtungen in der Kontrastfarbe Gelb eingefärbt sein muss. Die Forderung nach einem gelben Hintergrund gilt natürlich nur dann, wenn auch ein Hintergrund vorhanden ist.

Leider steht in DIN EN 61310-1 (**VDE 0113-101**) der Begriff „Not-Aus-Bedienteil", obwohl durch den Hinweis auf DIN EN ISO 13850 nur „Not-Halt-Bedienteile" gemeint sein können. Die Verwendung des Begriffs „Not-Bedieneinrichtung" wäre an dieser Stelle die neutralste Bezeichnung, da in der ebenfalls zitierten DIN EN 60204-1 (**VDE 0113-1**) auch Not-Aus-Bedieneinrichtungen für besondere Anwendungsfälle beschrieben werden.

3.2 Wofür beschriften? – Lesen oder betätigen?

In vielen Normen wird unnötigerweise eine Beschriftung von Not-Bediengeräten gefordert. Dies liegt wohl manchmal an dem fehlenden Hintergrundwissen zu diesem Thema.

In der Praxis wird, auch wenn dies nicht gefordert ist, der gelbe Hintergrund bedruckt, manchmal auch die Schlagfläche der Not-Bedieneinrichtungen.

Da die Betätigung einer Not-Bedieneinrichtung reflexartig und ohne vorherige Bewertung erfolgen soll, ist eine Beschriftung nur störend.

Der Bediener, auch Laien gehören dazu, soll, bevor er auf ein Not-Bediengerät schlägt, nicht erst lesen, sondern unverzüglich handeln – praktisch sofort.

Der Betätigungsgrund kann eine unverständliche Situation sein, bei der die auslösende Person das Gefühl hat, hier stimmt etwas nicht. Die Person, die solch eine Not-Bedieneinrichtung betätigt, kann sowohl eine zufällig anwesende Person als auch der Maschinenführer sein.

Eine Beschriftung ist also in solchen Situationen nicht hilfreich.

Bei der Beschriftung wird häufig sogar der falsche Text gewählt: Not-Halt-Bedieneinrichtungen werden leider sehr häufig mit Not-Aus beschriftet.

Manchmal werden auch beide Texte gemeinsam angebracht und dann noch in der falschen Sprache.

Bild 3.3 zeigt ein Not-Halt-Befehlsgerät mit beleuchtetem gelben Hintergrund (als Kontrast): Eine Beschriftung dieses gelben Hintergrunds ist nicht hilfreich und liefert auch keinen Mehrwert.

Bild 3.3 Not-Halt-Befehlsgerät mit beleuchtetem Hintergrund (Quelle: Siemens AG)

3.3 Symbole, nur wenn sinnvoll

Oft werden Symbole überbewertet. Der Laie kennt diese Symbole nicht. Und muss sie auch nicht kennen.

DIN EN 60204-1 (**VDE 0113-1**) empfiehlt, das Symbol 5638 der IEC 60417-DB [20] für die Kennzeichnung von Not-Halt-Bedieneinrichtungen zu verwenden. Vorzugsweise sollte das Symbol direkt auf dem Bedienteil oder in der Nähe der Bedieneinrichtung platziert werden.

Häufig wird dieses Symbol als Relief in gleicher Farbe wie die Schlagfläche auf dem Bedienteil angebracht, siehe **Bild 3.4**. Doch werden dann noch zusätzlich Entriegelungspfeile als Relief in gleicher Farbe auf dem Bedienteil angebracht, kann man sich über die Sinnfrage wohl streiten, denn der Informationsgehalt ist für die Betätigung nicht wichtig. Die Information, dass es sich um eine Not-Bedieneinrichtung handelt, ist durch die Signalfarbe Rot und die Kontrastfarbe Gelb ausreichend gegeben.

Bild 3.4 Empfohlenes Not-Halt-Symbol in DIN EN 60204-1 (**VDE 0113-1**) und DIN EN ISO 13850

Da die Signalwirkung „rotes Bedienteil auf gelbem Hintergrund“ für eine Not-Bedieneinrichtung ausreichend ist, kann in der Regel auf eine Markierung verzichtet werden. Für Not-Aus-Bediengeräte gibt es kein Symbol.

Auf Bedientableaus werden für die Beschriftung von Befehls- und Meldegeräten Texte verwendet wie: EIN, AUS, Störung, Einrichtbetrieb usw. Doch diese Texte müssen beim Einsatz in anderen Ländern in die dort übliche Amtssprache übersetzt werden. Um solche Beschriftungen zu internationalisieren, können genormte Symbole verwendet werden, siehe **Tabelle 3.2**.

EIN	**AUS**	**Not-Halt**
Symbol 5007	Symbol 5008	Symbol 5638

Tabelle 3.2 Beispiel von grafischen Symbolen gemäß IEC 60417-DB

3.4 Formschlüssige Befestigung von Not-Befehlsgeräten

Halten soll es und nicht schlaff herumhängen oder gar herunterfallen.

Bediengeräte, auf die bei Nutzung ein Drehmoment ausgeübt wird, dürfen nicht bloß in eine Bohrung eines Gehäuses eingebaut werden (kraftschlüssige Verbindung).

Damit das Bediengerät auch bei nachlassender Reibung der Befestigung bei Nutzung verdreht werden kann, muss eine formschlüssige Maßnahme gegen das Verdrehen vorgesehen werden (DIN EN 60204-1 (**VDE 0113-1**)). Dies kann z. B. eine „Rastnase“ sein (siehe **Bild 3.5**), die im Befestigungsloch in eine entsprechende Einkerbung fasst.

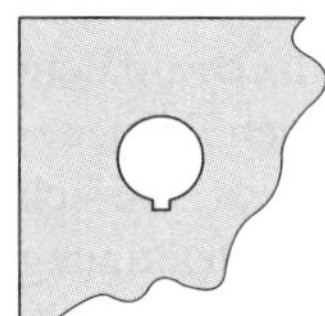

Bild 3.5 Befestigung von drehbaren Bedienelementen

3.5 Form der Schlagfläche eines Not-Halt-Befehlsgeräts

Was ein Übersetzungsfehler doch für Folgen haben kann: „palmtype" im Englischen meint nicht „palmenförmig", sondern bezeichnet die typische Handinnenfläche.

Auszug aus DIN EN ISO 13850:2016-05

4.3 Not-Halt-Geräte

4.3.1 Das Not-Halt-Gerät muss so konzipiert sein, dass es für die Bedienperson und andere, für die es notwendig sein kann, es zu benutzen, leicht zu betätigen ist.

Die Arten von Betätigern von Not-Halt-Geräten, die eingesetzt werden, dürfen eine der nachfolgenden sein:

- Drucktaster, der durch die Handfläche leicht zu betätigen ist,
- …

Die Schlagfläche eines Not-Bediengeräts muss so gestaltet sein, dass das Not-Halt-Bediengerät auch unter einem ungünstigen Betätigungswinkel noch sicher ausgelöst werden kann.

Die beste Form dafür konnte man in der Natur finden, und so wurde der „Champignonpilz" als Vorbild für die Form der Schlagfläche für eine Not-Bedieneinrichtung genommen (s. a. Kapitel 3.6 zum Thema „Blockierung").

Jeder weiß sofort, welche Form gemeint ist.

3.6 Verhinderung der Blockierung durch die Bauform

Das ist ein wirkliches Problem und erklärt, warum die Diskussion um einen Schutzkragen so schwierig ist, weil dieser nie allein betrachtet werden darf, sondern immer nur im Zusammenspiel mit dem Betätiger.

Die typische Not-Bedieneinrichtung hatte in der Vergangenheit eine weite überkragende Schlagfläche in Form des Kopfs eines klassischen Pilzes. Doch diese Form birgt in sich die Gefahr, dass Gegenstände unter eine solche Not-Bedieneinrichtung rutschen können und damit eine Auslösung bei Betätigung verhindern, siehe **Bild 3.6**.

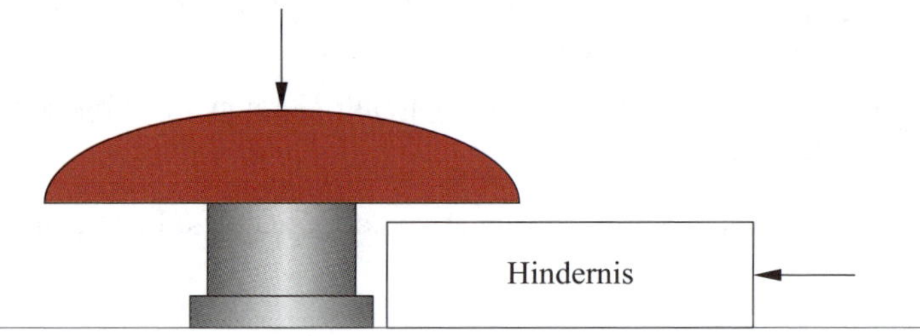

Bild 3.6 Mögliche Blockierung durch Gegenstände

Die heute gebräuchliche Form der Not-Bedieneinrichtung ist konisch. Durch diese Wahl der Form wird zwar die Schlagfläche kleiner, aber eine Blockierung durch Gegenstände ist nicht mehr möglich, siehe **Bild 3.7**.

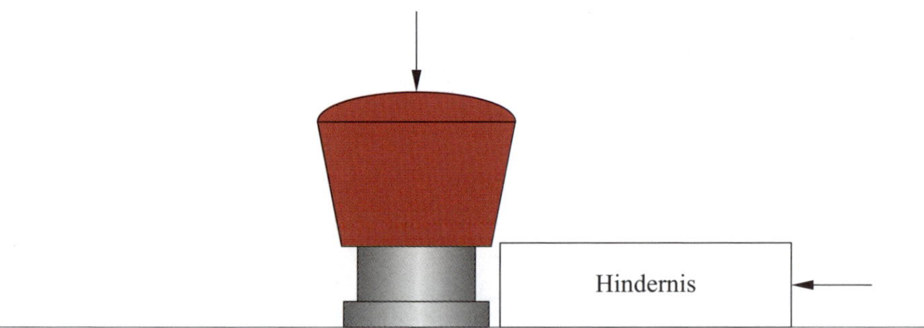

Bild 3.7 Blockierung durch Gegenstände nicht möglich

3.7 Anordnung von Not-Halt-Befehlsgeräten

Laie oder Fachkraft: Darf ein Unterschied gemacht werden? Gesichert ist nur die Erkenntnis, dass es keine pauschalen Vorgaben durch Normen geben kann.

Für die sichere Bedienung von Maschinen muss die Kennzeichnung der Bedieneinrichtungen eine eindeutige Identifizierung haben und ihre korrekte Deutung ermöglichen. Dabei ist auch die Anordnung an den Bedienstellen und den Bedienorten entscheidend.

Grundsätzlich müssen Bedieneinrichtungen außerhalb von Gefahrenbereichen angeordnet sein. Ausgenommen davon sind gemäß DIN EN 61310-3 (**VDE 0113-103**) [21] Not-Bedieneinrichtungen wie Not-Halt oder Not-Aus, doch die Betätigung muss gefahrlos möglich sein.

Die Anordnung von Bedienteilen muss auch so ausgeführt sein, dass eine zufällige nicht beabsichtigte Berührung unwahrscheinlich ist, siehe Kapitel 4.3 „Der Schutzkragen“.

Zudem muss die Anordnung von Befehlsgeräten so erfolgen, dass der Bediener den Arbeitsbereich oder den Gefährdungsbereich überblicken kann (DIN EN ISO 12100).

Dies bedeutet, dass eine Bedienstelle (z. B. ein Steuerpult) mit einem Not-Halt-Befehlsgerät so angeordnet werden muss, dass der Bediener (fast) alle Gefährdungsbereiche auch einsehen kann.

Grundsätzlich muss an jeder Steuerstelle und ggf. zusätzlich, wenn dies notwendig ist, an weiteren bestimmten Orten ein Not-Halt-Befehlsgerät vorgesehen werden.

Dies muss so angeordnet sein, dass es leicht erreichbar ist und gefahrlos betätigt werden kann (siehe DIN EN ISO 13850).

Dabei dürfen Maßnahmen gegen unbeabsichtigtes Betätigen, z. B. ein Schutzkragen, die Zugänglichkeit nicht beeinträchtigen.

Die Anordnung von Befehlsgeräten auf Bedienständen muss den Grund- und Sicherheitsregeln für die Mensch-Maschine-Schnittstelle entsprechen, damit ein geschulter Bediener sich eine mentale Systemvorstellung bilden kann (DIN EN 60447 (**VDE 0196**) [22]).

Dabei müssen zusammengehörige Bedienteile entsprechend der Bedeutung ihres Vorrangs angeordnet werden:

- Bedienteile mit höchster Priorität müssen oben//links und
- Bedienteile mit niedriger Priorität müssen unten/rechts angeordnet werden.

Bild 3.8 Empfohlene Anordnung eines Not-Halt-Befehlsgeräts an einem Bedienstand

Dies bedeutet, dass ein Not-Halt-Befehlsgerät an einem Bedienstand unten/rechts angeordnet werden sollte, da es für die Bedienung einer Maschine eine untergeordnete Rolle spielt und nur im Fall einer auftretenden Gefährdung benötigt wird (**Bild 3.8**).

Symmetriewünsche, Ästhetik oder geordneter Gesamteindruck eines Bedienstands haben keine Bedeutung für die Anordnung eines Not-Halt-Befehlsgeräts.

3.8 Einbauort eines Not-Halt-Befehlsgeräts

Viele haben eine Meinung. Dabei sind die Normen eine gute Fundstelle, und ein gesunder Menschenverstand führt nicht selten zu einer pragmatischen Lösung. Es lohnt sich, sich dafür etwas Zeit zu nehmen.

3.8.1 Wohin mit dem Not-Halt?

Am besten nicht zu weit weg, ansonsten droht mächtig Ärger. Aber: Weit weg vom Bediener und gut „versteckt" – das sind die besten Stellen, damit keiner auf die Idee kommt, einen Not-Halt auszulösen – sinnvoll ist etwas anderes.

In DIN EN ISO 13850 finden wir erstmals Hilfe:

Auszug aus DIN EN ISO 13850:2016-05, Abschnitt 4.3.2

Ein Not-Halt-Gerät muss angebracht sein:

- an jeder Bedienstation, ausgenommen, wo die Risikobewertung ergibt, dass es nicht erforderlich ist,
- an anderen Orten, wie durch die Risikobeurteilung ermittelt wurden, z. B.:
  - an Ein- und Ausgängen,
  - an den Orten, an denen ein Eingriff in die Maschine notwendig ist, z. B. Arbeitsprozesse mit einer Tippschalterfunktion,
  - an allen Orten, an denen eine Mensch-Maschinen-Interaktion aufgrund der Konstruktion erwartet wird (beispielsweise Belade-/Entlade-Bereich).

Ein Not-Halt-Gerät muss so angeordnet sein, dass sie durch die Bedienperson und andere, für die es notwendig sein kann, sie zu betätigen, direkt zu erreichen und ungefährlich zu betätigen sind.

Der Betätiger des Not-Halt-Geräts, das mit der Hand betätigt werden soll, sollte in einer Höhe von 0,6 m und 1,7 m zu der Zugangsebene angebracht sein (z. B. Bodenebene, Plattformebene).

Fußschalter sollten in fester Position direkt auf der Zugangsebene angebracht sein (z. B. Bodenebene).

3.8.2 Wie viel Meter dürfen es denn sein?

Im Anhang 1 zur Betriebssicherheitsverordnung (BetrSichV) findet sich die nachfolgende Aussage unter 2.4 zum Thema Not-Aus-Einrichtungen:

„Kraftbetriebene Arbeitsmittel müssen mit mindestens einer Notbefehlseinrichtung versehen sein, mit der Gefahr bringende Bewegungen oder Prozesse möglichst schnell stillgesetzt werden, ohne zusätzliche Gefährdungen zu erzeugen. Ihre Stellteile müssen schnell, leicht und gefahrlos erreichbar und auffällig gekennzeichnet sein."

Im Grunde steckt die einfache Aussage dahinter, dass die Not-Aus-Befehlsgeräte schnell und einfach erreichbar sein müssen, damit ein Beenden einer Gefahr bringenden Bewegung oder anderer Gefährdungen jederzeit „leicht" möglich ist.

Typ-C-Normen: Warum nicht von anderen lernen?

Der Vorteil solcher Normen ist, dass Hersteller von Maschinen ihre Erfahrungen niedergeschrieben haben: und das mit einer ziemlich realistischen Sichtweise – praxisnah, ohne wissenschaftliche Betrachtungen.

DIN EN 619 „Sicherheits- und EMV-Anforderungen an mechanische Fördereinrichtungen für Stückgut" [23] schreibt z. B. dazu:

Auszug aus DIN EN 619:2011-02, Abschnitt 5.7.7.5

5.7.7.5 Not-Aus-Schaltung

Die Not-Aus-Funktion muss DIN EN 418 (Hinweis: mittlerweile zurückgezogen) entsprechen und muss als Stopp-Kategorie 0 oder 1 wirken. Die Kategorie muss so gewählt werden, dass der Stetigförderer in der kürzesten Zeit, die mit dem System vereinbar ist, angehalten wird.

Not-Aus-Einrichtungen müssen DIN EN 418 (Hinweis: mittlerweile zurückgezogen) entsprechen und müssen entweder

- ein oder mehrere Not-Aus-Schalter sein, die so angebracht sein müssen, dass mindestens einer innerhalb von 10 m von jedem direkt zugänglichen Punkt des Stetigförderers aus erreicht werden kann (ohne zusätzliche Mittel zu benutzen) und/oder
- ein oder mehrere Schalter mit Reißleinen sein, die entlang der Anlage angeordnet sind, oder
- der Hauptschalter des Stetigförderers sein, wenn die Entfernung zwischen den zugänglichen Stellen des Stetigförderers und dem Hauptschalter 10 m oder weniger beträgt.

Anmerkung:

Mit „Not-Aus" ist die Not-Halt-Funktion gemeint! Der Verweis auf die DIN EN 418 (zurückgezogen) ist ebenfalls veraltet, da die DIN EN ISO 13850 mittlerweile als Nachfolgenorm gilt.

Wenn man eine Annäherungsgeschwindigkeit von 1,6 m/s gemäß DIN EN ISO 13855 [24] annimmt, dann entspricht das einer max. Verzögerungszeit bis zum Erreichen eines Not-Halt-Befehlsgeräts von ca. 3 s.

Erfahrungsgemäß werden wir uns aber etwas rascher dem roten Knopf nähern wollen, da so etwas wie Panik aufgekommen ist. Schätzungsweise mindestens doppelt so schnell.

Somit vergehen ca. 1 s bis 1,5 s, bis der erlösende Schlag vollbracht ist.

Auszug aus DIN EN ISO 13855:2010-10, Anwendungsbereich

Die Werte für Annäherungsgeschwindigkeiten (Schrittgeschwindigkeit und Bewegung der oberen Gliedmaßen) in dieser internationalen Norm sind über lange Zeit erprobt und haben sich in der Praxis bewährt. Diese internationale Norm dient als Orientierungshilfe für typische Arten der Annäherung. Andere Arten der Annäherung, z. B. laufen, springen oder fallen, werden in der vorliegenden internationalen Norm nicht berücksichtigt.

Auszug aus DIN EN ISO 13855:2010-10, Abschnitt 7.1

7.1 Allgemeines

Anmerkung: Es hat sich gezeigt, dass das 95. Perzentil für zwei Schritte (d. h. beginnen und enden mit demselben Fuß), gemessen vom Fersenauftritt bei Schrittgeschwindigkeit, bei etwa 1 900 mm liegt. Mittels Division durch zwei und subtrahieren des 5. Perzentils der Schuhlänge ergibt sich eine Schrittlänge von 700 mm. Wird davon ausgegangen, dass eine Toleranz zuzugeben ist, z. B. zwischen dem Schutzfeld und der Schrittlänge von beispielsweise 50 mm, so ergibt sich für das Schutzfeld eine Mindestbreite von 750 mm.

Die Mindestabstände, die in diesem Abschnitt für Schaltmatten/-platten abgeleitet werden, setzen voraus, dass die Annäherungsgeschwindigkeit zum Gefährdungsbereich Schrittgeschwindigkeit ist (1 600 mm/s).

DIN EN 415-10:2014-07 „Sicherheit von Verpackungsmaschinen – Teil 10: Allgemeine Anforderungen“ sagt:

Auszug aus DIN EN 415-10:2014-07, Abschnitt 5.14.5

5.14.5 Not-Halt und Not-Aus

Jeder Steuerstand muss mit einem Not-Halt-Stellteil ausgestattet sein.

Ist zusätzlich zum Stillsetzen Gefahr bringender Bewegungen im Notfall die Unterbrechung der Energiezufuhr erforderlich, müssen Verpackungsmaschinen an jedem Steuerstand mit einer Not-Trenneinrichtung ausgestattet sein.

In Abhängigkeit vom Betriebskonzept und der Anordnung der Maschine, z. B. innerhalb einer Verpackungslinie, kann eine Anzahl von Not-Halt- oder Not-Aus-Stellteilen sowohl außer- als auch innerhalb des Gefährdungsbereichs erforderlich sein. Sie sollten in jedem Bereich der Maschine vorhanden sein, der für den Zugang vorgesehen ist, und **leicht erreichbar sein für eine Person, die nicht mehr als 5 m entlang der äußeren trennenden Schutzeinrichtungen gehen muss**. Ist die Maschine voraussichtlich Teil einer Verpackungslinie, die den Zugang von mehreren Seiten ermöglicht, könnte dies bedeuten, dass an jeder einzelnen zugänglichen Seite der Maschine ein Not-Halt-Drucktaster vorhanden sein muss. Bei Maschinen mit Maßen von mehr als 10 m könnte es bedeuten, dass in Abständen von höchstens 10 m oder an jedem Zugangspunkt ein Not-Halt-Drucktaster vorzusehen ist (**Bild 3.9**). Seilbetätigte Not-Halt-Geräte dürfen statt Drucktastern verwendet werden, z. B. entlang von Förderern.

Wenn wir jetzt aber z. B. von einer Förderstrecke von 200 m reden, dann bietet sich eine andere Lösung an: der Seilzugschalter.

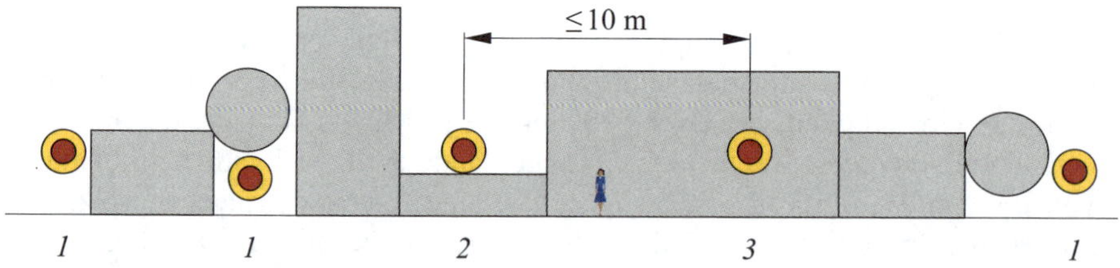

1 Bedienstation,
2 Ein- oder Ausgabestelle,
3 max. Abstand zwischen zwei Not-Halt-Befehlsgeräten

Bild 3.9 Anordnung von mehreren Not-Halt-Befehlsgeräten an einer ausgedehnten Maschine

3.8.3 Und wie hoch dann?

Noch ein Problem stellt sich: Wie hoch darf das Not-Halt-Befehlsgerät angebracht werden? Bei Seilzugschaltern stellt sich dieselbe Frage für die Höhe des anzubringenden Seils.

Zuerst schauen wir in die Trickkiste Ergonomie, DIN EN ISO 13857 [25] „Sicherheitsabstände gegen das Erreichen von Gefährdungsbereichen mit den oberen und unteren Gliedmaßen“.

Auszug aus DIN EN ISO 13857:2008-06, Abschnitt 4.2

4.2 Sicherheitsabstände gegen den Zugang mit den oberen Gliedmaßen

4.2.1 Hinaufreichen

4.2.1.1 Bild 1 (**Bild 3.10** in diesem Buch) *zeigt den Sicherheitsabstand beim Hinaufreichen.*

4.2.1.2 Geht vom Gefährdungsbereich ein niedriges Risiko aus, muss die Höhe des Gefährdungsbereichs h 2 500 mm oder mehr betragen.

4.2.1.3 Geht vom Gefährdungsbereich ein hohes Risiko aus (siehe Abschnitt 4.1.2 der Norm), muss die Höhe des Gefährdungsbereichs h 2 700 mm oder mehr betragen.

Also höher als 2,5 m ist demnach nicht ratsam.

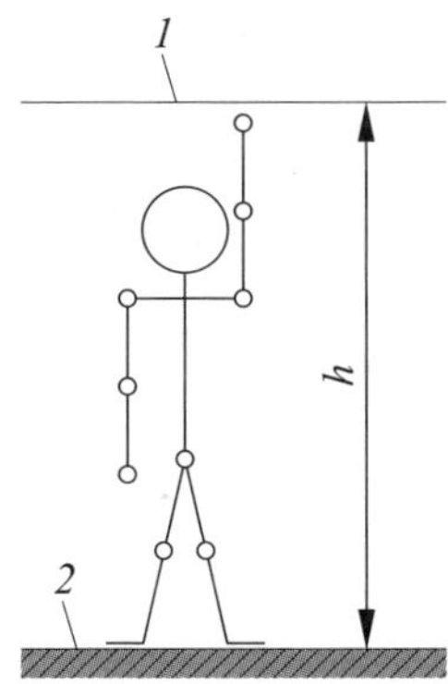

Legende
1 Gefährdungsbereich,
2 Bezugsebene,
h Höhe des Gefährdungsbereichs

Bild 3.10 Hinaufreichen gemäß DIN EN ISO 13857
(Quelle: DIN EN ISO 13857:2008-06, Bild 1)

In DIN 33402-2 [26] geben die Tabelle 19 (**Tabelle 3.3** in diesem Buch) „Höhe der Hand (Griffachse) über der Standfläche" und Tabelle 20 (**Tabelle 3.4** in diesem Buch) „Reichweite nach oben, beidarmig (Griffachse)" Aufschluss.

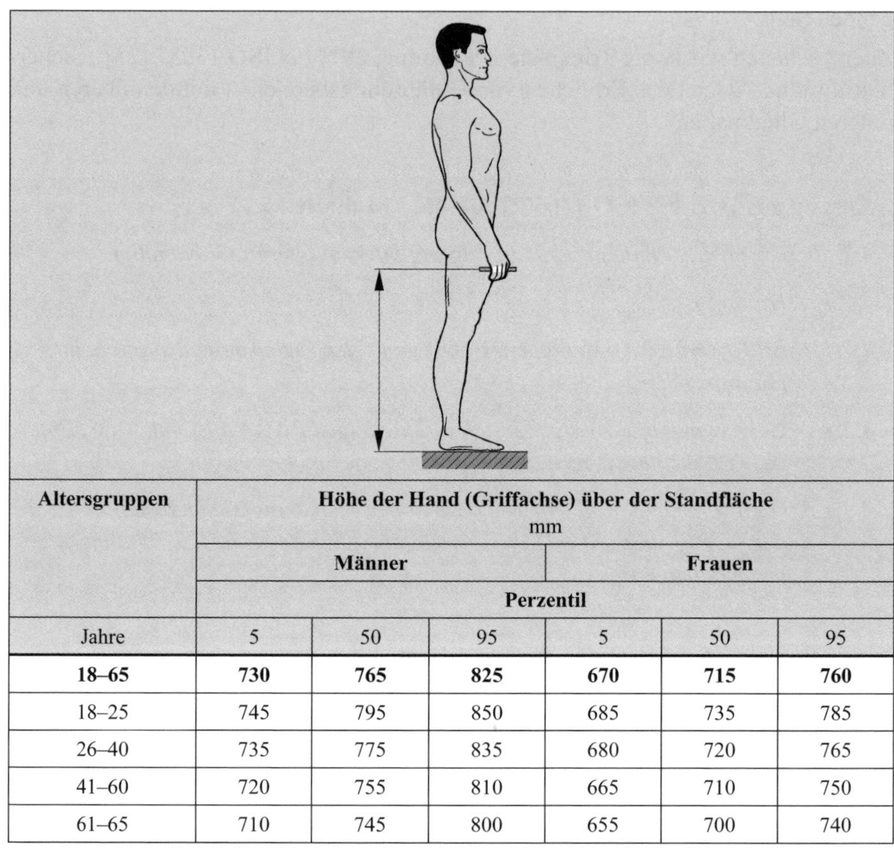

Altersgruppen	**Höhe der Hand (Griffachse) über der Standfläche** mm					
	Männer			**Frauen**		
	Perzentil					
Jahre	5	50	95	5	50	95
18–65	**730**	**765**	**825**	**670**	**715**	**760**
18–25	745	795	850	685	735	785
26–40	735	775	835	680	720	765
41–60	720	755	810	665	710	750
61–65	710	745	800	655	700	740

Tabelle 3.3 Höhe der Hand (Griffachse) über der Standfläche gemäß DIN 33402-2 (Quelle: DIN 33402-2:2005-12, Tabelle 19)

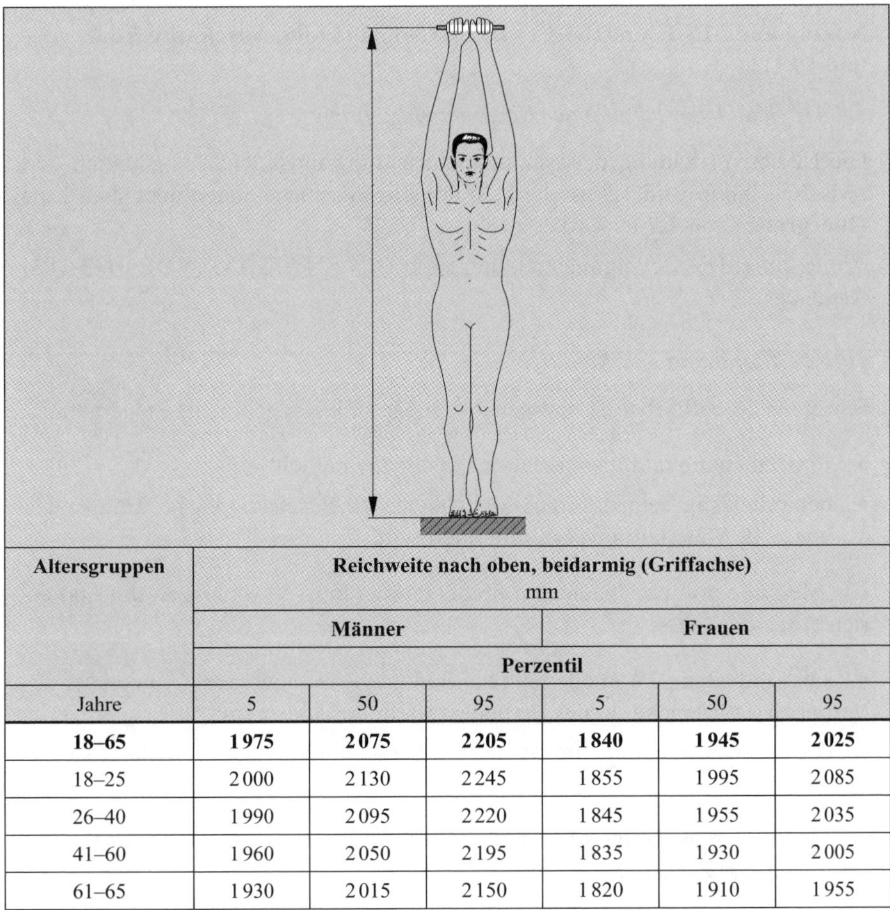

Altersgruppen	Reichweite nach oben, beidarmig (Griffachse) mm					
	Männer			Frauen		
	Perzentil					
Jahre	5	50	95	5	50	95
18–65	**1975**	**2075**	**2205**	**1840**	**1945**	**2025**
18–25	2000	2130	2245	1855	1995	2085
26–40	1990	2095	2220	1845	1955	2035
41–60	1960	2050	2195	1835	1930	2005
61–65	1930	2015	2150	1820	1910	1955

Tabelle 3.4 Reichweite nach oben, beidarmig (Griffachse) gemäß DIN 33402-2 (Quelle: DIN 33402-2:2005-12, Tabelle 20)

Nachfolgende Werte für Menschen zwischen 18 und 65 Jahren können als Worst Case angenommen werden:

- bei Männern: 0,825 m als „Höhe der Hand über der Standfläche“,
- bei Frauen: 1,84 m als „Reichweite nach oben“.

Die Empfehlung der DIN EN 60204-1 (**VDE 0113-1**) von **0,6 m bis 1,7 m** ist somit nachvollziehbar.

Auszug aus DIN EN 60204-1 (VDE 0113-1):2019-06, Abschnitte 5.3.4 und 10.1.2

5.3.4 Bedienvorrichtung der Netztrenneinrichtung

Die Bedienvorrichtung der Netztrenneinrichtung muss leicht zugänglich und **zwischen 0,6 m und 1,9 m** oberhalb der Zugangsebene angeordnet sein. Eine **Obergrenze von 1,7 m** wird empfohlen.

Anmerkung: Die Betätigungsrichtung ist in DIN EN 61310-3 (**VDE 0113-103**) festgelegt.

10.1.2 Anordnung und Montage

Soweit es durchführbar ist, müssen an der Maschine angebrachte Steuergeräte:

- für Bedienung und Instandhaltung leicht zugänglich sein,
- derart befestigt sein, dass die Möglichkeit einer Beschädigung bei Tätigkeiten, wie z. B. Materialtransport, minimiert wird.

Die Stellteile von handbedienten Steuergeräten müssen so ausgewählt und errichtet werden, dass:

- sie **mindestens 0,6 m** oberhalb der Bedienebene angebracht und von der üblichen Arbeitsposition des Bedieners leicht erreichbar sind,
- der Bediener nicht in eine Gefahr bringende Situation gerät, wenn er sie bedient.

Die Stellteile von mit dem Fuß bedienten Steuergeräten müssen so ausgewählt und installiert werden, dass:

- sie von der üblichen Arbeitsposition des Bedieners leicht erreichbar sind,
- der Bediener nicht in eine Gefahr bringende Situation gerät, wenn er sie bedient.

3.8.4 Hinweisschilder können helfen („Wegweiser“)

Sind bei großen Maschinen entlang einer Einhausung Not-Halt-Befehlsgeräte nicht sinnvoll, kann es hilfreich sein, ein Hinweisschild anzubringen, wo sich das nächste Not-Halt-Befehlsgerät befindet.

In DIN EN ISO 7010/A2 [27] wurde das Hinweisschild E020 dafür entwickelt, siehe **Bild 3.11**.

Bild 3.11 Sicherheitszeichen für Not-Halt-Befehlsgeräte

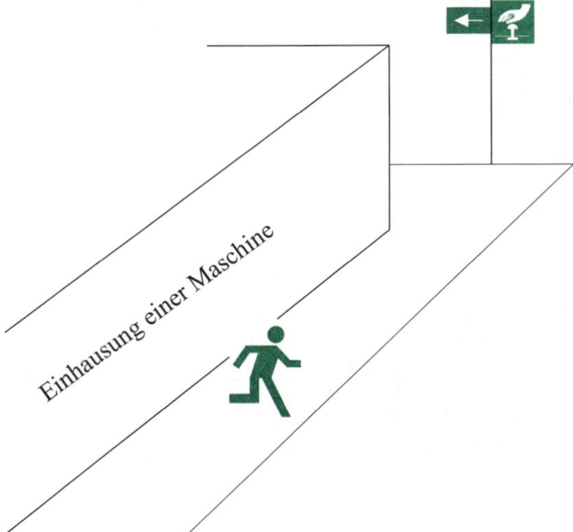

Bild 3.12 Mögliche Position des Sicherheitszeichen E020 als Wegweiser zu einem Not-Halt-Befehlsgerät

Die Position für solche Sicherheitszeichen sollte so gewählt werden, dass sie mit der Bewegungsrichtung einer Person an einer Maschine übereinstimmen, siehe **Bild 3.12**.

Gegebenenfalls können zusätzliche Hinweise, wie ein Richtungspfeil oder die zusätzliche Verwendung des Symbols für Not-Halt, siehe Kapitel 3.3 „Symbole, nur wenn sinnvoll" und Bild 3.4, angebracht werden.

DIN EN ISO 7010/A2 empfiehlt dem Betreiber einer Maschine dieses „neue" Sicherheitszeichen durch Anleitung, Schulung oder Unterweisung zu erläutern, da dieses Sicherheitszeichen noch nicht allgemein bekannt ist.

3.9 Verwechselungen mit anderen Not-Bedieneinrichtungen

So logisch es theoretisch auch ist, es wird immer wieder umstritten diskutiert: Vergessen wir dabei nie den Anwender vor lauter Theorie. Es wäre schade darum.

3.9.1 Not-Halt- und Not-Aus-Befehlsgeräte nebeneinander?

Wohl doch keine so gute Idee: Wen von den beiden nun im Notfall drücken? Beide gar?

Not-Befehlsgeräte, egal, ob es sich um ein Not-Halt- oder ein Not-Aus-Befehlsgerät handelt, dürfen nicht so angeordnet werden, dass eine Verwechselung möglich ist. Es müsste sogar eine nicht zugelassene Beschriftung angebracht werden, um überhaupt eine Auswahl für den Laien zu ermöglichen. Grundsätzlich gilt: Eine Not-Funktion soll ohne vorherige Bewertung durch eine einzelne menschliche Handlung ausgelöst werden.

Auszug aus DIN EN 60204-1 (VDE 0113-1):2019-06, Abschnitt 10.8.1

Geräte für Not-Aus müssen an allen Orten angeordnet werden, an denen es für die vorgegebene Anwendung notwendig ist. Üblicherweise werden diese Geräte getrennt von Steuerstellen angeordnet. Wenn Verwechselungen zwischen Not-Halt-Geräten und Not-Aus-Geräten entstehen können, müssen Maßnahmen zur Reduzierung von Verwechselungen vorgesehen werden.

Anmerkung: Dies kann z. B. durch die Anordnung des Not-Aus-Geräts in einem Gehäuse mit Einschlagscheibe erreicht werden.

Eine Beschriftung ist niemals eine Maßnahme gegen eine Verwechselung zwischen Not-Halt und Not-Aus!

Da Not-Aus-Befehlsgeräte nur in Räumen mit einfachem Basisschutz notwendig sind und zu diesen Räumen auch nur Elektrofachpersonal oder elektrotechnisch eingewiesene Personen Zutritt haben, gibt es in der Regel keinen Grund, auf einem Bedienpult beide Not-Befehlsgeräte anzuordnen (**Bild 3.13**).

Wenn der Planer nicht sachkundig ist, sieht er alles vor, was möglich ist, um eine Maschine zu stoppen. **Bild 3.14** zeigt eine unzulässige Anordnung von Ein-/Aus-Befehlstastern gemeinsam mit einem Not-Halt und einem Not-Aus. In einer Not-Situation, in der der Bediener sicherlich gestresst ist, können solche Anordnungen nicht hilfreich sein.

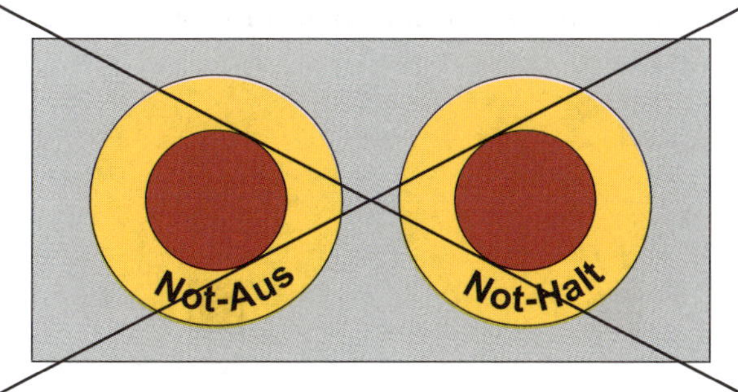

Bild 3.13 Nicht zulässige gemeinsame Anordnung von Not-Befehlseinrichtungen

Bild 3.14 Nicht zugelassene Anordnung von Not-Halt und Not-Aus gemeinsam mit einem Ein-/Aus-Befehlsgerät

3.9.2 Mehrere Not-Halt-Befehlsgeräte für mehrere Maschinen

Natürlich lehrt die Praxis uns dies: Es geht oft in einer Produktionsstätte eng zu. Da wird's auch mal eng für unsere Not-Halt-Befehlsgeräte. Gewusst also wo.

Werden mehrere Maschinen, die unabhängig voneinander arbeiten, in einem Raum untergebracht, und werden diese Maschinen von einem Nebenraum gesteuert, müssen die Maschinen zusätzlich mit einem Not-Halt-Befehlsgerät „vor Ort" ausgerüstet werden. Solche Maschinenkonfigurationen können z. B. im medizinischen Bereich vorkommen, siehe **Bild 3.15**.

Doch bei diesen zusätzlichen Not-Halt-Befehlsgeräten muss sichergestellt sein, dass eine Verwechselung bei der Zuordnung zur betreffenden Maschine in einer

Gefahrensituation, auch in einer Stresssituation, nicht möglich ist, siehe Bild 3.15 und **Bild 3.16**.

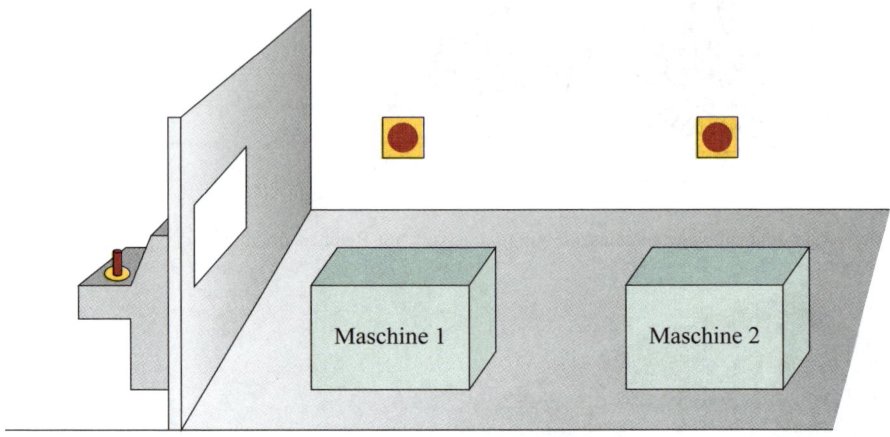

Bild 3.15 Zuordnung von Not-Halt-Befehlsgeräten bei mehreren Maschinen

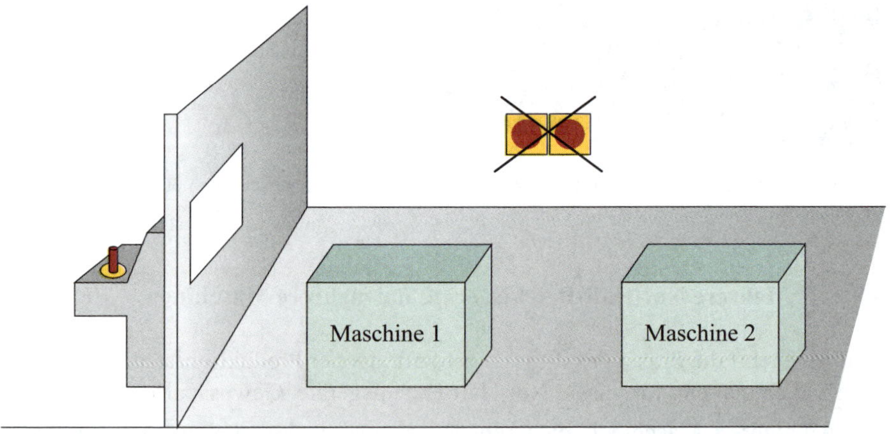

Bild 3.16 Keine Zuordnung von Not-Halt-Befehlsgeräten zu einer bestimmten Maschine möglich

Entweder müssen die Not-Halt-Befehlsgeräte der zugehörigen Maschine räumlich so angeordnet werden, dass sie eindeutig zugeordnet werden können, oder es ist nur ein Not-Halt-Befehlsgerät vorzusehen, das auf beide Maschinen gleichzeitig wirkt, siehe **Bild 3.17**.

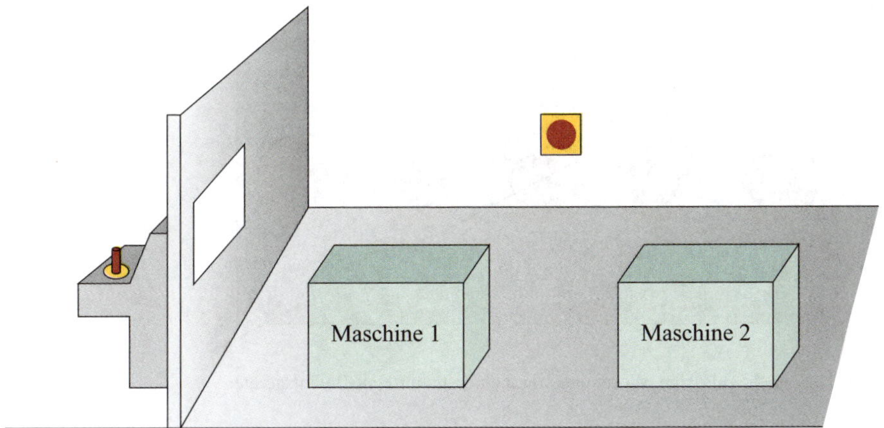

Bild 3.17 Ein Not-Halt-Befehlsgerät mit einem Wirkungsbereich zu mehreren Maschinen

Ein solches Zusammenwirken eines Not-Halt-Befehlsgeräts auf mehrere Maschinen nennt man Wirkungsbereich, siehe Kapitel 4.2.1 dieses Buchs.

Obwohl sich der „Wirkungsbereich" auf Maschinen bezieht, die koordiniert zusammenarbeiten, kann die gleiche Betrachtungsweise auch für unabhängig voneinander arbeitende Maschinen angewandt werden.

3.9.3 Mehrere Not-Halt-Befehlsgeräte auf einem Steuerpult

Große Maschinen, z. B. in einem Walzwerk, werden meistens von einem Leitstand aus „gefahren". Damit jede Teilmaschine (kann z. B. ein einzelnes Walzengerüst sein) separat mittels eines Not-Halt-Befehls gestoppt werden kann, sieht man häufig die Anordnung von mehreren Not-Halt-Befehlsgeräten nebeneinander, die dann mittels Beschriftung einer bestimmten Maschine oder Teilmaschine zugeordnet sind, siehe **Bild 3.18**.

In einer Stresssituation darf man nicht wählerisch sein und die Auswertung von Texten führt sicherlich zu falschen Reaktionen, siehe **Bild 3.19**.

DIN EN ISO 13850 enthält auch Anforderungen zum Thema Wirkungsbereich eines Not-Halt-Befehls, siehe Kapitel 4.2.1 dieses Buchs. Bei den normativen Anforderungen wird dabei berücksichtigt, dass innerhalb eines Wirkungsbereichs mehrere Maschinen (oder Teilmaschinen), die koordiniert zusammenarbeiten und damit voneinander abhängig sind, zusammengefasst werden und nur von einem Not-Halt-Befehl gestoppt werden können. Insbesondere in Bezug zum Materialfluss dürfen meistens Maschinen innerhalb einer Prozesskette einzeln gar nicht gestoppt werden.

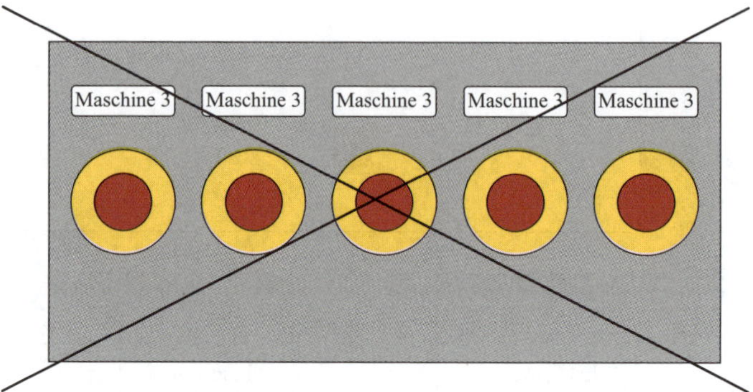

Bild 3.18 Nicht zulässige Anordnung von mehreren Not-Halt-Befehlsgeräten

Bild 3.19 Nicht erlaubte Anhäufung von Not-Betätigungseinrichtungen

Bei solchen Maschinen macht es also keinen Sinn, durch separate Not-Halt-Befehlsgeräte eine einzelne Maschine aus einem Verbund wegen eines Notfalls stillzusetzen. Meistens ist es sowieso nicht erkennbar, welche Maschine in eine Notfallsituation geraten ist.

4 Not-Halt

Not-Halt-Befehlsgeräte und Not-Halt-Funktionen wollen erst einmal verstanden sein. Hier ein Versuch.

4.1 Grundsätzliches: Das Not-Halt-Befehlsgerät – der rote Knopf ist überall

Ein Not-Halt-Befehlsgerät löst eine Funktion aus – die Not-Halt-Funktion.

Auszug aus DIN EN ISO 13850:2016-05, Abschnitt 4.1.1.1

Der Zweck der Not-Halt-Funktion ist es, bestehende oder bevorstehende Notfallsituationen abzuwenden oder zu verhindern, die sich aus dem Verhalten von Personen oder aus einem unerwarteten Gefährdungsereignis ergeben. Die Not-Halt-Funktion wird durch eine einzige Handlung einer Person ausgelöst.

In DIN EN ISO 13850 wird von *Not-Halt-Geräten* gesprochen. Der Hintergrund dafür ist, dass grundsätzlich dieser Begriff unabhängig von der verwendeten Technologie in der Norm verwendet wird.

In der Praxis finden wir an den meisten Maschinen sogenannte *elektromechanische* Geräte, die einen Not-Halt auslösen: „Der rote Knopf mit dem gelben Hintergrund."

Diese elektromechanischen Geräte stellen *Befehlsgeräte* dar: Sie lösen einen elektrischen Steuerungsbefehl aus, der entweder durch

- eine ausschließliche elektrische Verschaltung oder
- eine elektronische Steuerung, beispielsweise ein Sicherheitsschaltgerät oder eine sicherheitsgerichtete SPS (speicherprogrammierbare Steuerung, umgangssprachlich Sicherheitssteuerung)

ausgewertet wird.

Ein Not-Halt-Befehlsgerät ist also ein Gerät (Einheit), das meistens aus einem *mechanischen* und einem *elektrischen* Teil besteht. In der Produktnorm DIN EN 60947-5-5 (**VDE 0660-210**) werden an diese beiden Teile konkrete Anforderungen gestellt, damit ein solches Gerät auch qualifiziert ist, eine Not-Halt-Funktion auslösen zu können.

Prinzipiell reden wir von dem *Betätiger* (mechanischer Teil) und von den *zwangsöffnenden Kontakten* (elektrischer Teil), wie in **Bild 4.1** schematisch und in **Bild 4.2** in handelsüblicher Ausführung abgebildet.

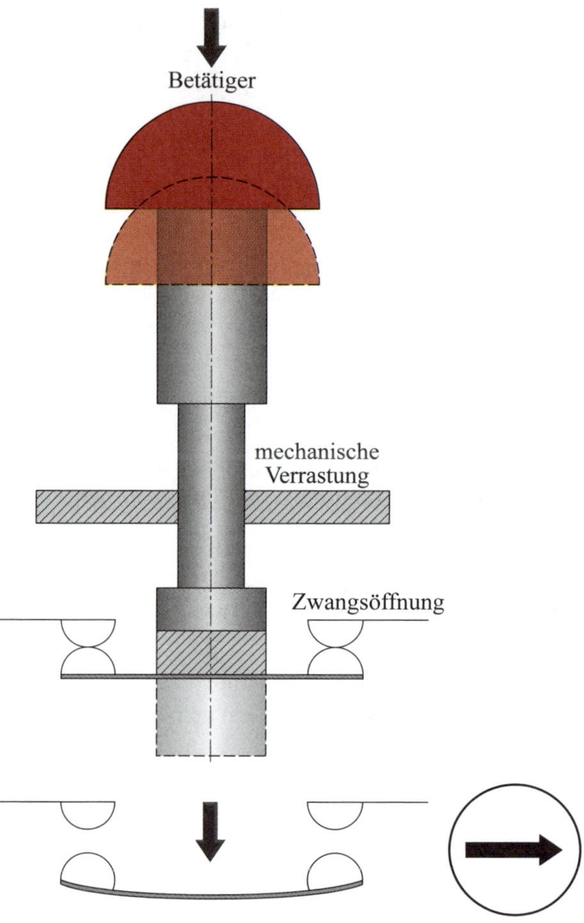

Bild 4.1 Schematische Darstellung eines elektromechanischen Not-Halt-Befehlsgeräts

Bild 4.2 Elektromechanisches Not-Halt-Befehlsgerät heutiger Generation (Quelle: Siemens AG)

Auszug aus DIN EN 60947-5-5 (VDE 0660-210):2017-08, Abschnitte 3.3 und 3.4

3.3 Betätigungssystem (eines Not-Halt-Geräts)

en: actuating system (of an emergency stop device),
fr: système de commande (d'un appareil d'arrêt d'urgence).

Mechanische Teile, die die Betätigungskraft auf die Kontaktelemente übertragen.
[Quelle: IEC 60050-441:1984-01, IEV 441-15-21, geändert – eingeschränkt auf elektromechanisches Not-Halt-Gerät; Anmerkung ist nicht relevant]

3.4 Betätiger (eines Not-Halt-Geräts)

en: actuator (of an emergency stop device),
fr: organe de commande (d'un appareil d'arrêt d'urgence).

Teil des Betätigungssystems, der durch einen Teil des menschlichen Körpers betätigt wird.
[Quelle: IEC 60050-441:1984-01, IEV 441-15-22, geändert – Einschränkung auf Betätigung durch menschlichen Körper]

Anmerkung 1 zum Begriff: Beispiele für einen Betätiger können ein Druckknopf, ein Draht, eine Leine, ein Griff, ein Fußpedal sein.

In der Anmerkung 1 der Definition des Betätigers wird bereits angekündigt, dass es verschiedene Ausführungen geben kann: Nicht nur der rote Knopf, sondern auch Seilzugschalter oder Fußschalter können ein Not-Halt-Befehlsgerät sein.

Für den Hersteller einer Maschine werden in der DIN EN ISO 13850 die möglichen Ausführungen für Not-Halt-Befehlsgeräte bewusst aufgelistet, und für elektromechanische Not-Halt-Befehlsgeräte wird ein Verweis auf die Produktnorm DIN EN 60947-5-5 (**VDE 0660-210**) gemacht.

Auszug aus DIN EN ISO 13850:2016-05, Abschnitt 4.3.1

Die Arten von Betätigern von Not-Halt-Geräten, die eingesetzt werden, dürfen eine der nachfolgenden sein:

- Drucktaster, der durch die Handfläche leicht zu betätigen ist,
- Drähte, Seile, Betätigungsstangen,
- Griffe,
- Fußschalter ohne Schutzhaube, wenn andere Lösungen nicht anwendbar sind.

Dies ist der Tatsache geschuldet, dass es unterschiedliche Anwendungsfälle gibt, die es zu berücksichtigen gilt.

4.1.1 Die Verrastung macht's

Die Produktnorm DIN EN 60947-5-5 (**VDE 0660-210**) definiert den Begriff Verrastung.

Auszug aus DIN EN 60947-5-5 (VDE 0660-210):2017-08, Abschnitt 3.7

3.7 Verrastung (eines Not-Halt-Geräts)

en: latching (of an emergency stop device),
fr: verrouillage (d'un appareil d'arrêt d'urgence).

Funktion oder Einrichtung, die das Betätigungssystem aktiviert und in der betätigten Stellung festhält, bis diese durch eine eigene manuelle Handlung rückgestellt wird.

Diese grundlegende Anforderung an das Not-Halt-Befehlsgerät hat ihren Ursprung in der Maschinenrichtlinie.

Auszug aus der Maschinenrichtlinie, Abschnitt 1.2.4.3

Wenn das Not-Halt-Befehlsgerät nach Auslösung eines Haltbefehls nicht mehr betätigt wird, muss dieser Befehl durch die Blockierung des Not-Halt-Befehlsgeräts bis zu seiner Freigabe aufrechterhalten bleiben; es darf nicht möglich sein, das Gerät zu blockieren, ohne dass dieses einen Haltbefehl auslöst.

Leider verwendet die Maschinenrichtlinie den Begriff „Blockierung“, was erst im Zusammenhang gesehen als Verrastung verstanden werden kann.

In der unter der Maschinenrichtlinie harmonisierten DIN EN ISO 13850 wird die Verrastung aus Sicht der Not-Halt-Funktion gefordert, sodass der Begriff bewusst umschrieben wird.

Auszug aus DIN EN ISO 13850:2016-05, Abschnitt 4.1.1.2

Die Not-Halt-Funktion muss durch eine bewusste Handlung einer Person zurückgesetzt werden. Das Rücksetzen einer Not-Halt-Funktion muss durch Entriegelung eines Not-Halt-Geräts erfolgen. Das Rücksetzen darf nicht das Ingangsetzen der Maschine einleiten.

Einerseits wurde dies deshalb so formuliert, weil das Not-Halt-Befehlsgerät nicht immer elektromechanischer Natur ist, sondern auch in einer hydraulischen oder pneumatischen Variante ausgeführt werden kann.

Und andererseits sollen hier die Not-Halt-Funktion und die bewusste Handlung des Bedieners der Maschine in den Vordergrund gerückt werden: Die Verrastung wird mit dem Begriff „manuelles Rücksetzen“ in Verbindung gebracht, was letztendlich eine Umschreibung der Tätigkeit darstellt, mit der gleichen Zielsetzung einer nach der Betätigung erfolgten Verrastung.

Zudem wird an die Verrastung eine wichtige Anforderung gestellt, nämlich, dass die Verrastung nicht ohne die Auslösung der Not-Halt-Funktion erfolgen darf.

Auszug aus DIN EN 60947-5-5 (VDE 0660-210):2017-08, Abschnitt 6.2.1

Das Not-Halt-Signal muss so lange aufrechterhalten bleiben, bis das Not-Halt-Gerät rückgestellt (entriegelt) wird. Das Not-Halt-Gerät darf nicht verrasten, ohne ein Not-Halt-Signal zu erzeugen.

Hinweis:

Das ist auch der Grund dafür, dass manche Befehlsgeräte, deren Betätiger zwar rot ist, nicht immer diese wichtigen Anforderungen der DIN EN 60947-5-5 (**VDE 0660-210**) erfüllen und deshalb der Hersteller des Geräts auch keine Aussagen zu der Produktnorm macht: Der Hersteller einer Maschine, der ein Not-Halt-Befehlsgerät für seine Maschine benötigt, muss dies immer berücksichtigen.

4.1.2 Manuelle Rückstellung – und wie viel?

Wenn ein Not-Halt-Befehlsgerät betätigt wurde, dann wird eine Not-Halt-Funktion ausgelöst.

Der Auslösebefehl wird durch die Verrastung aufrechterhalten, und das so lange, bis die manuelle Rückstellung des Not-Halt-Befehlsgeräts erfolgt.

Auszug aus DIN EN ISO 13850:2016-05, Abschnitt 4.1.4

Die Wirkung eines ausgelösten Not-Halt-Geräts muss bis zur Rückstellung des Betätigers des Not-Halt-Geräts aufrechterhalten bleiben. Diese Rückstellung darf nur durch die absichtliche Handlung einer Person an dem Gerät erfolgen, an dem der Befehl ausgelöst wurde. Die Rückstellung des Geräts darf die Maschine nicht in Gang setzen, sondern nur das Wiederingangsetzen erlauben.

Die Produktnorm DIN EN 60947-5-5 (**VDE 0660-210**) definiert „Rückstellen" als Tätigkeit.

Auszug aus DIN EN 60947-5-5 (VDE 0660-210):2017-08, Abschnitt 3.8

3.8 Rückstellen (eines Not-Halt-Geräts)

en: resetting (of an emergency stop device),
fr: réarmement (d'un appareil d'arrêt d'urgence).

Manuelle Handlung, die das Betätigungssystem des Not-Halt-Geräts in die Ruhestellung überführt.

Anmerkung 1 zum Begriff: Beispiele des Rückstellens beinhalten die Drehung eines Schlüssels oder Betätigers, das Ziehen des Betätigers oder das Drücken eines speziellen Rücksetzknopfs.

4.1.3 Zwangsöffnende Kontakte

Das Prinzip der Zwangsöffnung ist in der Produktnorm DIN EN 60947-5-1 (**VDE 0660-200**) [28] beschrieben. Die Anforderung kommt auch aus DIN EN ISO 13849-2 [29] als sogenanntes „bewährtes Sicherheitsprinzip". Ein „Schalter mit zwangsläufiger Betätigung" (Tabelle D.3 „Bewährte Bauteile" in DIN EN ISO 13849-2) wird sogar als ein „bewährtes Bauteil" eingestuft.

Die Forderung nach einer Zwangsöffnung kommt aus der Zeit, in der ohne elektronische Überwachung ein Abschaltbefehl erzeugt werden sollte: Mit der Zwangsöffnung sollte sichergestellt werden, dass ein mögliches „Verschweißen" des elektrischen Kontakts, der direkt ein Leistungsschütz abgeschaltet hat, diesen Abschaltbefehl nicht verhindern konnte. Es ist eine qualitative Anforderung.

Auszug aus DIN EN 60947-5-5 (VDE 0660-210):2017-08, Abschnitte 3.9, 5.2 und 6.1.4

3.9 Zwangsöffnung (eines Schaltglieds)

en: direct opening action (of a contact element),
fr: manœuvre positive d'ouverture (d'un élément de contact).

Sicherstellung einer Kontakttrennung als direktes Ergebnis einer festgelegten Bewegung des Bedienteils des Schalters über nicht federnde Teile (z. B. nicht abhängig von einer Feder).

*5.2 Alle Öffnerkontaktelemente eines Not-Halt-Geräts müssen eine Zwangsöffnung nach DIN EN 60947-5-1 (**VDE 0660-200**), Anhang K haben.*

6.1.4 Schwingungen und Schocks dürfen weder das Öffnen der Kontakte in der geschlossenen Stellung oder das Schließen der Kontakte in der offenen Stellung noch die Betätigung des Verrastmechanismus verursachen.

Die Zwangsöffnung ist in der DIN EN 60947-5-1 (**VDE 0660-200**) beschrieben.

Auszug aus DIN EN 60947-5-1 (VDE 0660-200):2018-03, Abschnitt K.5.2.7

K.5.2.7 Zwangsöffnung

Jeder Hilfsstromschalter mit Zwangsöffnung muss an der Außenseite dauerhaft und leicht lesbar mit folgendem Bildzeichen gekennzeichnet sein:

4.1.4 Beleuchtung und Befehlsgeräte

LEDs sind heute Stand der Technik im Alltag. Im industriellen Umfeld halten sie ebenso Einzug wegen ihrer Langlebigkeit und vielfältigen Verwendungsart. Warum sich dem verschließen?

Der gelbe Ring

Gelb als Kontrast zu Rot. Die Beleuchtung mittels LED wird bereits heute von verschiedenen Herstellern angeboten. Ziel ist es, den Kontrast zu verstärken. Die Normen stellen weder eine Anforderung, noch schränken sie diese Art der Beleuchtung ein.

Leuchtendes Rot

Aktiv oder inaktiv – die Beleuchtung ist ein sinnvolles Mittel in der Zukunft.

Die Beleuchtung eines Not-Halt-Betätigers wird in der Praxis zukünftig mehr als hilfreich sein. Denken wir nur an eine Bedienstelle, z. B. ein in der Hand gehaltenes drahtloses Bedienpanel oder HMI, dessen Not-Halt-Betätiger nur dann beleuchtet ist, wenn diese Bedienstelle auch aktiv mit der Maschinensteuerung verbunden ist.

Eine solche Bedienstelle darf dann auch bei der Maschine oder Anlage sichtbar platziert sein, also muss nicht „weggesperrt" werden, wenn keine aktive Verbindung mit der Maschinensteuerung besteht und der Not-Halt-Betätiger dann nicht mehr rot ist: Eine irrtümliche Verwechslung mit anderen Not-Halt-Befehlsgeräten ist ausgeschlossen.

Dieser Gedanke wurde in der Überarbeitung der DIN EN ISO 13850 und DIN EN 60204-1 (**VDE 0113-1**) berücksichtigt.

Auszug aus DIN EN ISO 13850:2016-05, Abschnitt 4.3.8

4.3.8 Wenn Not-Halt-Geräte auf absteckbaren oder kabellosen Bedienstationen (z. B. steckbare, tragbare Programmiergeräte) angebracht sind, dann muss mindestens ein Not-Halt-Gerät immer fest verdrahtet (stationär) an der Maschine verfügbar sein.

Zusätzlich muss mindestens eine der nachfolgenden Maßnahmen angewendet werden, um eine Verwechslung zwischen aktiven und nicht aktiven Not-Halt-Geräten vermieden wird:

- *Veränderung der Farbe des Geräts mittels Beleuchtung des aktiven Not-Halt-Geräts;*
- …

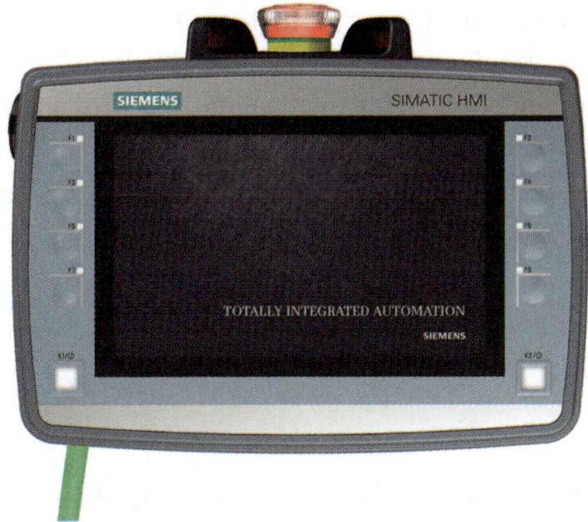

Bild 4.3 Beleuchtung eines Not-Halt-Betätigers
(Quelle: Siemens AG)

Die DIN EN ISO 13850:2016-05 [4] stellt auch klar, dass diese Anforderung grundsätzlich für tragbare Bedienstellen gilt, ob drahtlos oder per Leitung mit der Maschinensteuerung verbunden.

Blinken

Warum nicht blinken, wenn gedrückt. Die Signalsäulen dürfen das auch.

Typischerweise wird nach dem Betätigen des Not-Halt-Befehlsgeräts mit dem Blinken einer roten Leuchte einer Signalsäule das Auslösen einer Not-Halt-Funktion signalisiert. Sobald das Not-Halt-Befehlsgerät „entriegelt" wurde (manuelle Rückstellung), geht das Blinken in ein Dauerlicht über. Die Maschine oder Anlage ist noch immer im angehaltenen Status, aber ein Starten ist nun möglich. Dann erfolgt das Quittieren des Not-Halts, das rote Dauerlicht erlischt und die Maschine oder Anlage kann wieder gestartet werden.

Warum sollte nicht auch der rote Betätiger des Not-Halt-Befehlsgeräts blinken, solange eine manuelle Rückstellung nicht erfolgt ist? Es spricht nichts dagegen, und es signalisiert dem Anwender, welches Not-Halt-Befehlsgerät die Not-Halt-Funktion ausgelöst hat.

Auch mit dem gelben Ring, der mittels LEDs strahlt, ist eine solche Anwendung denkbar.

4.2 Die Not-Halt-Funktion unter die Lupe genommen

Eine Not-Halt-Funktion ist keine risikomindernde Schutzmaßnahme und wird auch nie eine sein! Sie hat nur einen ergänzenden Charakter.

Warum ist dieser kleine, aber feine Unterschied so hilfreich?

Weil es uns helfen wird, die qualitative Anforderung an eine Not-Halt-Funktion zu verstehen und besser einordnen zu können.

Oder wollen wir jede Not-Halt-Funktion in *Performance Level PL e* oder *SIL 3* auslegen? Wohl kaum.

Ursache – Wirkung

Eine Not-Halt-Funktion kann ebenfalls wie eine Sicherheitsfunktion beschrieben werden (**Bild 4.4**).

Not-Halt-Funktion	=	**Auslöser** (Ursache)	+	**Reaktion** (Wirkung)
		Not-Halt-Befehlsgerät		*unerwartete, Gefahr bringende Bewegung beenden*

Bild 4.4 Das Ursache-Wirkungs-Prinzip einer Sicherheitsfunktion gilt auch für eine Not-Halt-Funktion

In der Welt der Steuerungstechnik benötigt man zur Umsetzung dazu nachfolgende Einheiten:

Not-Halt-Funktion = Eingang + Logik + Ausgang.

Mit dieser Erkenntnis ist offensichtlich, dass ein Not-Halt-Befehlsgerät im Zentrum der Überlegungen steht und die Wirkung seiner Betätigung (Wirkungsbereich) betrachtet werden muss. Und nicht umgekehrt!

Eine ergänzende Schutzmaßnahme und doch keine Risikominderung

Die grundlegende Anforderung wird in der Maschinenrichtlinie und auch in DIN EN ISO 13850 als harmonisierte Norm explizit formuliert.

> **Auszug aus der Maschinenrichtlinie, Abschnitt 1.2.4.3**
>
> Not-Halt-Befehlsgeräte müssen andere Schutzmaßnahmen ergänzen, aber dürfen nicht an deren Stelle treten.

Auszug aus DIN EN ISO 13850:2016-05, Abschnitt 4.1.1.3

Die Not-Halt-Funktion ist eine ergänzende Schutzmaßnahme und darf nicht als Ersatz für Schutzmaßnahmen und andere Funktionen oder Sicherheitsfunktionen angewendet werden.

Die Verwirrung ist scheinbar perfekt: „Wenn ich den roten Knopf drücke, dann stellt das eine Risikominderung dar, weil z. B. eine Gefahr bringende Bewegung angehalten wird!“

Diese oder ähnliche Aussagen haben wir alle schon gehört und sind ins Zweifeln gekommen.

Eines darf nie vergessen werden: Eine Not-Halt-Funktion hat immer Vorrang vor allen anderen Funktionen und darf nie von diesen abhängen (siehe Maschinenrichtlinie). Alles andere führt eine Not-Halt-Funktion de facto ad absurdum.

4.2.1 Wirkungsbereich einer Not-Halt-Funktion und das Warum

Was wirken möchte, braucht Platz – endlich ein Begriff, der helfen wird, „Ursache und Wirkung“ räumlich zu verbinden.

Nicht alles, was möglich, doch alles, was nötig ist, muss auch in Betracht gezogen werden – so lässt sich die Zielsetzung des neuen Begriffs „Wirkungsbereich“ in der DIN EN ISO 13850:2016-05 zusammenfassen.

Der Ursprung des neuen Begriffs „Wirkungsbereich“ in der DIN EN ISO 13850:2016-05

Bereits in DIN EN ISO 11161 [12] „Sicherheit von Maschinen – Integrierte Fertigungssysteme – Grundlegende Anforderungen“ wird dieser Begriff verwendet und als „Wirkungsbereich der Steuerung“ wie folgt definiert: „Vorgegebener Abschnitt des IMS, das unter der Kontrolle eines bestimmten Steuerungselementes steht“. Mit IMS ist das integrierte Fertigungssystem gemeint.

Bild 4.5 und **Bild 4.6** zeigen deutlich die Abgrenzung des Wirkungsbereichs einer Steuerung zu dem Arbeitsbereich: Der Wirkungsbereich ist meistens eine Untermenge oder ein Teil des Arbeitsbereichs, in dem eine Bedienperson eine bestimmte Arbeit ausführen kann.

Und: Diese „räumliche“ Einschränkung des Wirkungsbereichs wird immer einem „Verursacher“ zugeordnet; hier der optoelektronischen Schutzeinrichtung, z. B. ein Lichtvorhang, oder der Verriegelungseinrichtung, z. B. ein Positionsschalter für eine Schutztür.

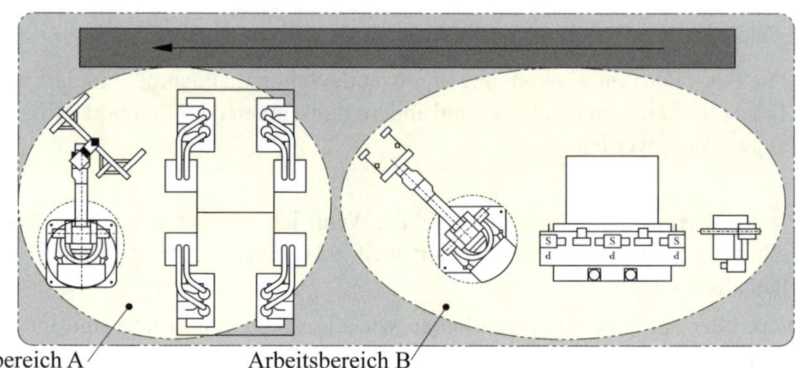

Bild 4.5 Darstellung zweier Arbeitsbereiche
(Quelle: DIN EN ISO 11161:2010-10, Bild 5)

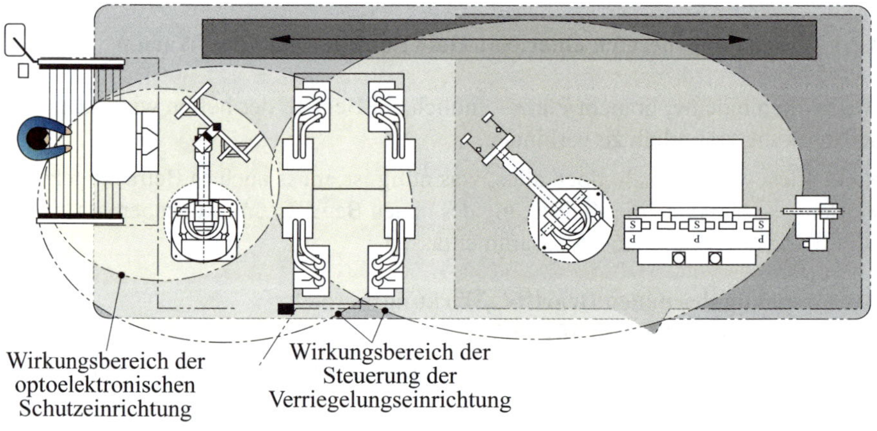

Bild 4.6 Darstellung der Wirkungsbereiche
(DIN EN ISO 11161:2010-10, Bild 6)

Es hat sich somit angeboten, diesen Begriff auch in der DIN EN ISO 13850:2016-05 zu verwenden.

Grundlegende Anforderungen zur Bestimmung des Wirkungsbereichs eines Not-Halt-Befehlsgeräts

DIN EN ISO 13850:2016-05 beschreibt sehr eindrucksvoll und beispielhaft, wie ein Wirkungsbereich bestimmt werden kann: Das ist neu, obwohl die DIN EN ISO 13850 eine Typ-B-Norm ist.

Auszug aus DIN EN ISO 13850:2016-05, Abschnitt 4.1.2

Der Wirkungsbereich jedes Not-Halt-Geräts muss die vollständige Maschine umfassen. Als Ausnahme kann ein einziger Wirkungsbereich ungeeignet sein, wenn z. B. das vollständige Anhalten miteinander verbundener Maschinen zusätzliche Gefährdungen erzeugen oder unnötige Auswirkungen auf die Produktion hat.

Jeder Wirkungsbereich kann ein Teil (Teile) einer Maschine, eine vollständige Maschine oder eine Gruppe von Maschinen umfassen.

Verschiedene Wirkungsbereiche dürfen sich überschneiden.

Die Zuordnung von Wirkungsbereichen muss erfolgen unter Berücksichtigung:

a) der aufgrund des physikalischen Layouts der Maschine einsehbare Bereiche,
b) der Möglichkeit, gefährliche Situationen zu erkennen (z. B. durch Sichtbarkeit, Geräusche, Geruch),
c) aller sicherheitsrelevanten Konsequenzen für den Produktionsprozess,
d) der vorhersehbaren Gefährdungsaussetzung,
e) der möglichen angrenzenden Gefährdungen.

Anzumerken bleibt, dass der einsehbare Bereich für den Bediener ein entscheidendes Kriterium ist.

Der hilflose Ruf eines Menschen in Not, den ich nicht sehe, wird nicht dazu führen, dass ich als Bediener den roten Knopf drücke: Ich werde dem Hilferuf folgen und dann entscheiden, wie ich diese Notlage beherrschen kann.

Auszug aus DIN EN ISO 13850:2016-05, Abschnitt 4.1.1.5

Die Not-Halt-Funktion muss so konzipiert sein, dass nach Betätigung des Not-Halt-Geräts Gefahr bringende Bewegungen angehalten und der Betrieb der Maschine in geeigneter Weise verhindert wird, ohne zusätzliche Gefährdungen zu verursachen und ohne jeden weiteren Eingriff.

Nur ein Wirkungsbereich oder doch mehrere?

Auszug aus DIN EN ISO 13850:2016-05, Abschnitt 4.1.2

Der Wirkungsbereich jedes Not-Halt-Geräts muss die vollständige Maschine umfassen. Als Ausnahme kann ein einziger Wirkungsbereich ungeeignet sein, wenn z. B. das vollständige Anhalten der miteinander verbundenen Maschinen zusätzliche Gefährdungen erzeugt oder unnötige Auswirkungen auf die Produktion hat.

Warum soll nur *ein* Wirkungsbereich für eine Maschine definiert werden? Und wenn nicht, was heißt dann „nicht zweckmäßig“?

Idealerweise nur ein Wirkungsbereich

Wir wissen, dass jedes Not-Halt-Befehlsgerät die Ursache/der Auslöser einer Not-Halt-Funktion ist: Wenn der Bediener einer Maschine dieses Befehlsgerät drückt (Ursache), dann muss eine Reaktion eingeleitet werden, nämlich das Beenden einer Gefahr bringenden Situation (Wirkung).

Dabei soll der Bediener nicht nachdenken müssen, und aus seiner Sicht muss eine *zu erwartende* Reaktion erfolgen. „Zu erwartend“ heißt, dass dem Not-Halt-Befehlsgerät ein Wirkungsbereich zugeordnet werden muss, der immer den Erwartungen des Bedieners entspricht! Intuitiv also.

Der Wirkungsbereich ist somit ein Hilfsmittel für den Hersteller einer Maschine: Er wird aufgefordert, für jedes Not-Halt-Befehlsgerät einen Wirkungsbereich zu definieren. Und in DIN EN ISO 13850:2016-05 wird explizit verlangt, dass alle Wirkungsbereiche in die Betriebsanleitung der Maschine aufzunehmen sind, damit der Verwender (Käufer) der Maschine sein Bedienpersonal entsprechend schulen kann.

Wann immer möglich, ist es naheliegend, einen einzigen Wirkungsbereich zu definieren: Der Bediener betätigt ein Not-Halt-Befehlsgerät, und die gesamte Maschine oder Anlage wird angehalten, um den sicheren Zustand zu erreichen.

Dies ist für jeden nachvollziehbar und es bedarf keiner weiteren Erklärungen.

Leider ist die Welt nicht immer so leicht zu beschreiben und es können Situationen entstehen, die es nicht erlauben, die Maschine oder Anlage insgesamt stillzusetzen: sei es aus prozesstechnischen Gründen oder aber auch aus Gründen erzeugter neuer Risiken.

Für diesen Fall ist ein einzelner Wirkungsbereich nicht mehr ausreichend und eine gewisse bewusste „Selektivität“ im Notfall ist angebracht.

Mehrere Wirkungsbereiche anstelle eines einzelnen

Besonderes Augenmerk muss auf eine mögliche Schnittmenge von Wirkungsbereichen gelegt werden.

Hinweis:

Grundsätzlich gilt: Wenn es mehrere Wirkungsbereiche gibt, dann entstehen automatisch Schnittstellen, die zwangsläufig durch den Hersteller der Maschine betrachtet werden müssen.

Ein Wirkungsbereich zeichnet sich dadurch aus, dass er physikalisch eine oder mehrere Maschinen- oder Anlagenteile umfassen kann.

Bild 4.7 zeigt schematisch alle sinnvollen Varianten auf, die sich prinzipiell ableiten lassen.

Wenn ein Not-Halt-Befehlsgerät betätigt wird, dann sollen alle einem Wirkungsbereich zugeordneten Maschinen- oder Anlagenteile stillgesetzt werden. Die angrenzenden Maschinen- oder Anlagenteile stellen de facto die Schnittstelle zu diesem Wirkungsbereich dar. Wir reden hier bewusst von physikalisch vorhandenen Teilen, weil das Bedienpersonal nur diese auch für sich so wahrnimmt! Stichwort „Sichtbereich".

Das hat zur Konsequenz, dass der Hersteller der Maschine sich überlegen muss, wie diese angrenzenden Maschinen- oder Anlagenteile sich im Falle eines Not-Halts verhalten müssen.

Ein Beispiel:
Wenn eine Förderstrecke im Notfall angehalten werden muss, dann ist es notwendig, die Zuführung zu dieser Förderstrecke ebenfalls anzuhalten, weil es sonst zu einem sinnlosen „Stau" des Förderguts kommen würde. Diese Auswirkung auf die Zuführung stellt eine Schnittstelle dar und muss aus prozesstechnischen Gründen betrachtet werden, ohne dass es dabei ebenfalls zu einem Not-Halt der Zuführung kommen muss: Ein einfacher betriebsbedingter Stopp kann hier ausreichend sein.

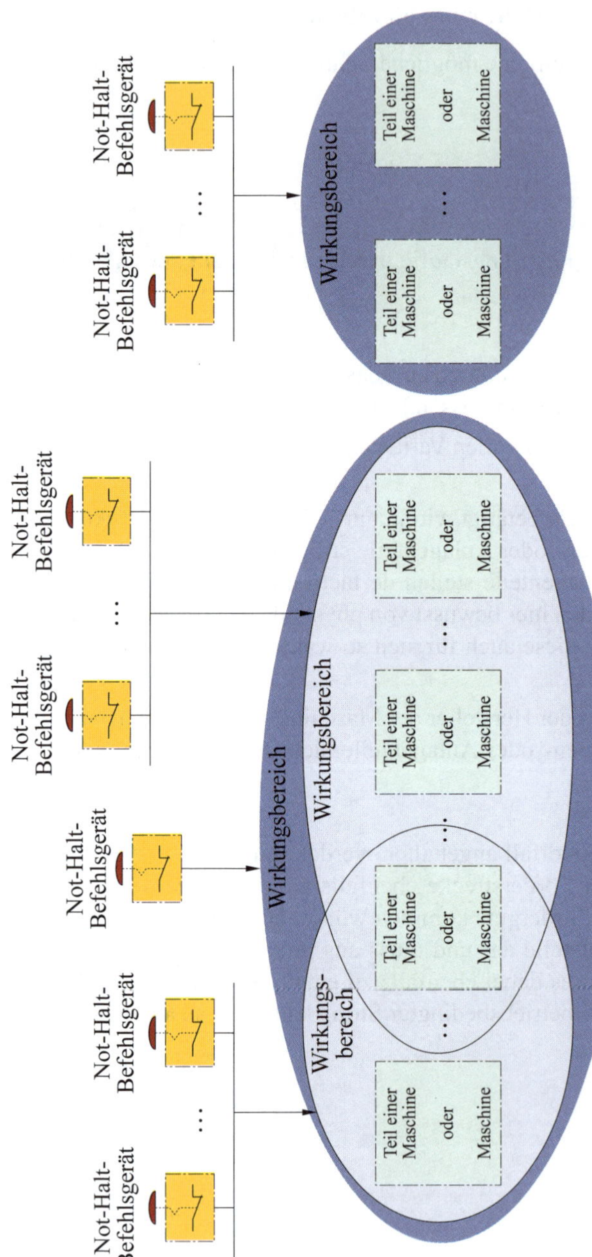

Bild 4.7 Beispielhafte Darstellung zum Konzept des Wirkungsbereichs (Quelle: DIN EN ISO 13850:2016-05, Bild 1)

Wenn aber die Zuführung für sich allein ebenfalls ein potenzielles Risiko darstellt, dann wird auch diese Zuführung dem Wirkungsbereich zugeordnet und wie die Förderstrecke stillgesetzt.

Die Betrachtung der Schnittstelle zu einem Wirkungsbereich hilft also auch, den Wirkungsbereich ggf. neu zu definieren.

4.2.2 Quittieren, Rückstellen am Auslöseort oder am Auslösegerät?

Quittieren heißt nicht Rückstellen.

Das Entriegeln eines Not-Halt-Befehlsgeräts wird mit dem Begriff der manuellen Rückstellung beschrieben: Das kann durch das Drehen des Not-Halt-Betätigers geschehen oder aber durch ein Ziehen (siehe Kapitel 4.4.1).

Damit werden erst einmal der oder die elektrischen Kontakt(e) wieder geschlossen. Mehr passiert noch nicht.

Das umgangssprachliche „Quittieren" spricht hingegen die Not-Halt-Funktion an, die ausgelöst wurde. Dass dies nur möglich ist, wenn der Not-Halt-Betätiger zuvor manuell zurückgestellt wurde, versteht sich hoffentlich von selbst.

Somit kann an einer tragbaren Bedienstelle ein Not-Halt-Betätiger jederzeit manuell zurückgestellt werden, obwohl der Bediener sich mittlerweile weit von der Gefahrenstelle entfernt hat.

Und noch schlimmer ist, dass anschließend die Not-Halt-Funktion irgendwo anders „quittiert" werden kann. Wir ahnen bereits, welche gedanklichen Dramen sich abspielen müssen – oder sollten.

Es hilft nur eines: die Anwendung genauer betrachten.

Ein manuelles Rückstellen des Not-Halt-Betätigers wird sich nie verhindern lassen: Darüber befindet immer der Anwender, egal, wo er sich aufhält und warum er dieser Meinung ist.

Das Einzige, was seitens eines Maschinenherstellers beherrschbar ist, ist das „Quittieren" der Not-Halt-Funktion. Hier gilt es, gemäß den Prinzipien der Risikobeurteilung genauer hinzuschauen.

Das Wiederingangsetzen der Maschine (siehe Maschinenrichtlinie) darf nur dann möglich sein, wenn die Gefahr, als Ursache einer Not-Halt-Funktion, auch endgültig für beendet erklärt werden kann.

Das kann bedeuten, dass ein „Quittieren" vor Ort als unabdingbar erachtet wird. Falls das nicht der Fall ist, darf auch an einer zentralen Stelle die Not-Halt-Funktion quittiert werden.

4.2.3 Quittieren der Not-Halt-Funktion und gleichzeitiges Starten der Maschine – darf das sein?

Keine Zeit mehr nach einem Not-Halt?

Antwort: Ja, es ist nicht verboten.

Ob das sinnvoll ist, kann pauschal nicht beantwortet werden. Und in der Praxis stellt das auch nicht wirklich ein Problem dar. Meistens wird bewusst das „Quittieren" der Not-Halt-Funktion von dem „Starten" der Maschine getrennt, weil das „normale" Bedienpersonal dies einfach nicht darf: Schließlich ist Not-Halt nicht normal. Die Techniker dürfen Präsenz zeigen.

Zu empfehlen ist aber grundsätzlich, dass das automatische Starten (oder der Wiederanlauf) der Maschine nach einem Not-Halt zu vermeiden ist. Ein Not-Halt sollte immer als außergewöhnliches Ereignis betrachtet werden. Die Normalisierung mit einem automatischen Wiederanlaufen der Maschine führt zwangsläufig zu einem vorhersehbaren Missbrauch der Not-Halt-Befehlsgeräte: „Ab in die Pause, mal eben Not-Halt gedrückt."

Wollen wir das wirklich?

4.2.4 Kabellos – und der Fluch der Technik

Nicht immer bringt Technik Erleichterung, so auch mit den „wireless control stations".

„Was ist mit dem rot-gelben Teil darauf? Was passiert damit, wenn ich darauf drücke?" Nichts Schlimmes passiert, wenn Sie darauf drücken. Außer, dass Sie mächtig Ärger mit Ihren Kollegen bekommen. Und hoffentlich drücken Sie nicht gerade dann diesen roten Knopf, wenn Ihre wohlverdiente Pause begonnen hat.

Was immer Sie gerade denken: Das ist das grundlegende Problem einer kabellosen Bedienstation! So banal und doch fatal kann Technik sein! Und, wie damit nun umgehen?

Wenn ein Not-Halt-Befehlsgerät an eine Maschine oder an einem Bedienpult angebracht ist, dann ist klar, was damit gemeint ist: Derjenige, der dieses Befehlsgerät drückt, tut es, weil er aus seiner Sicht einen Notfall erkannt hat und Abhilfe sucht.

Genauso wird derjenige reagieren, der eine kabellose Bedienstation in der Hand hält. Mit der lästigen Gewissensfrage, wann eine manuelle Rückstellung angebracht ist und wann das Wiederstarten der Maschine erlaubt ist, wird er sich sicherlich nicht beschäftigen. „Drücken und helfen" ist sein Antrieb. Alles andere steht erst einmal nicht zur Debatte.

Der Fluch der Technik eben. Aber nur für Normensetzer augenscheinlich.

DIN EN ISO 13850 enthält dazu folgende Aussage:

> **Auszug aus DIN EN ISO 13850:2016-05, Abschnitt 4.6.2**
>
> Wenn ein Not-Halt mit einer kabellosen Bedienstation eingeleitet wurde, darf das Zurücksetzen nur möglich sein, nachdem das Not-Halt-Gerät von der verriegelten Stellung rückgesetzt wurde.

Bild 4.8 Mobiles Panel (Quelle: Siemens AG)

Es gibt nur einen Rat: Wer den Not-Halt ausgelöst hat, der weiß auch warum und muss in der Nähe der Gefahrenstelle bleiben. Nur er weiß warum, und er ist und bleibt Zeuge des Geschehens.

Mehr kann eine Norm auch nicht empfehlen.

4.2.5 Bewertung einer ergänzenden Schutzmaßnahme

Warum wird dann trotzdem ein Performance Level oder SIL für eine solche Maßnahme verwendet, wenn diese nicht risikomindernd ist? Und: Kann man einer Not-Halt-Funktion einen geforderten Performance Level oder SIL wie für eine Sicherheitsfunktion zuordnen?

Gleich vorab eine ernüchternde Tatsache: Nein, eine Einstufung über einen Risikograph oder eine SIL-Zuordnungstabelle ist nicht möglich.

Auszug aus DIN EN ISO 13850:2016-05, Abschnitt 4.1.5.1

Die sicherheitsbezogenen Teile eines Steuerungssystems oder die Teilsysteme, welche die Not-Halt-Funktion ausführen, müssen die relevanten Anforderungen der ISO 13894-1 und/oder IEC 62061 erfüllen.

Die Bestimmung des erforderlichen Performance Level (PL) oder Sicherheits-Integrationslevel (SIL) sollte den Zweck der Not-Halt-Funktion berücksichtigen, jedoch ist der Mindest-PL_r = c oder SIL = 1 gefordert.

Nur weil eine Anforderung hinsichtlich der funktionalen Sicherheit in der Norm steht, heißt das nicht implizit, dass hier von einer Sicherheitsfunktion die Rede ist.

Es wird eine qualitative und quantitative Anforderung an die Not-Halt-Funktion gestellt. Und zwar so, als würde es sich hier um eine Sicherheitsfunktion handeln. Mehr nicht.

Und warum das alles, wenn wir doch „nur“ von einer ergänzenden Schutzmaßnahme reden?

Im Grunde soll mit dieser Anforderung, mindestens einen *Performance Level PL c* oder *SIL 1* bei der Realisierung zu erreichen, sichergestellt werden, dass keine Low-cost-Lösungen, also Billiglösungen, Einzug in die Maschinensicherheit halten.

Etwas Qualität soll schließlich doch bei diesem Thema gewährleistet sein.

Zum einen möchte die Norm sicherstellen, dass mindestens eine Kategorie 1 und nicht Kategorie B als Lösung verwendet wird: Dadurch wird verhindert, dass eine einfachste elektronische Auswertung oder „Steuerung“ zum Einsatz kommen kann.

Zum anderen soll das Signal an die Hersteller von Maschinen gesendet werden, dass eine Überbewertung und eine damit verbundene übertriebene Wertigkeit der Not-Halt-Funktion nicht wirklich sinnvoll ist. Wie oft wird die Not-Halt-Funktion in *Performance Level PL e* oder *SIL 3* ausgelegt, nur weil für eine Maschine eine Sicherheitsfunktion mit diesem *Performance Level PL e* oder *SIL 3* definiert wurde.

Noch interessanter mutet gar die Interpretation an, dass der geforderte *Performance Level* oder *SIL* um eine Einstufung niedriger als die kritischste Sicherheitsfunktion der Maschine sein soll.

Hinweis:

Die Not-Halt-Funktion ist nicht für das Versagen einer Sicherheitsfunktion vorgesehen!

Die Not-Halt-Funktion ist nur für unerwartete Ereignisse gedacht, die nicht in der Risikobeurteilung vorhersehbar sind.

Denn wären diese Ereignisse vorhersehbar, dann könnte der Hersteller der Maschine doch entsprechende technische Schutzmaßnahmen ergreifen. Oder etwa nicht?

Von welchen Ereignissen, die einen Not-Halt rechtfertigen sollen, reden wir also?

Von unerwarteten Fehlfunktionen der Maschine, z. B. das verarbeitende Material, das zu einer Gefahr für den Bediener wurde, weil es in Brand gerät oder aus einer Spindel herausgeschleudert wird.

Oder von menschlichem Fehlverhalten oder von einfacher Unachtsamkeit: Jemand ist gefährlich eingeklemmt, weil er mit seiner Kleidung durch Maschinenteile eingezogen wurde.

Darum fordert die Maschinenrichtlinie immer mindestens ein Not-Halt-Befehlsgerät an einer Maschine.

Auszug aus der Maschinenrichtlinie, Abschnitt 1.2.4.3 „Stillsetzen im Notfall"

Jede Maschine muss mit einem oder mehreren Not-Halt-Befehlsgeräten ausgerüstet sein, durch die eine unmittelbar drohende oder eintretende Gefahr vermieden werden kann.

Hiervon ausgenommen sind

- Maschinen, bei denen durch das Not-Halt-Befehlsgerät das Risiko nicht gemindert werden kann, da das Not-Halt-Befehlsgerät entweder die Zeit des Stillsetzens nicht verkürzt oder es nicht ermöglicht, besondere, wegen des Risikos erforderliche Maßnahmen zu ergreifen,
- handgehaltene und/oder handgeführte Maschinen.

4.2.6 Nicht zugängliche Bereiche

Es kann geschlossene und für das Bedienpersonal nicht zugänglichen Bereiche (insbesondere bei ausgedehnten Maschinen) geben, z. B. verfahrenstechnische Einheiten (wie Förderstrecken) über mehrere Stockwerke oder Räume.

Diese stellen keine „sicherheitstechnisch relevanten Bereiche" dar. Somit ist keine potenzielle Gefährdung aus Sicht eines Bedieners gegeben und es bedarf keiner Vorrichtung zum Stillsetzen im Notfall: Eine Not-Halt-Funktion muss für solche Bereiche demnach nicht vorgesehen werden.

Jegliche Arbeiten in solchen Bereichen sind nicht betrieblich veranlasst, sondern wenn überhaupt im Rahmen einer besonderen Instandhaltung oder Wartung. In solchen Fällen müssen Maßnahmen getroffen werden, die den Schutz vor möglichen Gefährdungen bieten, z. B. die elektrische Trennung der Energiezufuhr.

4.2.7 Praktische Einstufung der Not-Halt-Funktion

Wenn nicht über einen Risikographen oder eine SIL-Zuordnungstabelle, wie dann eine vertretbare Einstufung finden? Mit Mut zu Neuem!

Der gesunde Menschenverstand lässt uns nicht im Stich: Die Umgebungsbedingungen sind genauso wichtig wie auch die ermittelten Sicherheitsfunktionen für eine Maschine. Diese Kombination führt zu plausiblen Erkenntnissen.

In der Praxis können wir uns der realisierten Sicherheitsfunktionen bedienen, die letztendlich eine sicherheitsgerichtete Auswertung und eine entsprechende Aktorik benötigen. Denn diese Sicherheitsfunktionen helfen, die Maschine in einen sicheren Zustand zu bringen.

Das auslösende Moment, also die auslösende Ursache für eine Not-Halt-Funktion, ist das oder sind die Not-Halt-Befehlsgerät(e). Immer zusätzlich zu den realisierten Sicherheitsfunktionen.

Warum also nicht die sicherheitsgerichtete Auswertung und die entsprechende Aktorik der Sicherheitsfunktionen nutzen und das oder die Not-Halt-Befehlsgerät(e) zusätzlich mit einbinden?

Bleibt nur noch die Frage: eine ein- oder zweikanalige Anbindung des oder der Not-Halt-Befehlsgeräte(s)?

Die Umgebungsbedingungen können dabei entscheidend sein: Wenn man sich unsicher ist, dann ist eine zweikanalige Anbindung sicherlich ratsam. Oder wenn der Not-Halt sehr selten (nicht jährlich) ausgelöst wird und ein Versagen als wahrscheinlich angenommen werden kann.

Ansonsten reicht eine einkanalige Auswertung aus.

Der höchste *Performance Level PL e* oder *SIL 3* ist aufseiten des Not-Halt-Befehlsgeräts mit einer zweikanaligen Auswertung immer erreichbar. Einkanalig dagegen bis *Performance Level PL c* oder *SIL 1*.

Und so schließt sich der Kreis mit der Anforderung der Norm: Einkanalig reicht meistens aus. Nur wenn die Umgebungsbedingungen es erfordern, dann ist eine höhere Einstufung der Not-Halt-Funktion angebracht. Die Aktorik mit der entsprechenden sicherheitsgerichteten Logik für bereits definierte Sicherheitsfunktionen wird einfach genutzt.

Warum sich das Leben also schwerer machen als nötig? Und warum einen Risikographen oder eine SIL-Zuordnungstabelle nutzen wollen, die nur für eine „hohe Anforderungsrate" gedacht ist?

Die Not-Halt-Funktion zeichnet sich immer durch eine „niedrige Anforderungsrate" aus, weil der Not-Halt eigentlich nie (betriebsmäßig) betätigt werden sollte, somit also weniger als einmal pro Jahr.

4.2.8 Funktionale Sicherheit und Bewertung von Not-Halt-Funktionen

Damit die Not-Halt-Funktion im Sinne der funktionalen Sicherheit bewertet werden kann, fassen wir nochmals zusammen:

Ursprüngliche Anforderung bzw. Quelle:

Maschinenrichtlinie, Anhang I 1.2.2, 1.2.4.3

Normative Anforderungen:

DIN EN ISO 12100 (Risikobeurteilung),

DIN EN ISO 13850 (Not-Halt),

DIN EN 60204-1 (**VDE 0113-1**) (elektrische Sicherheit, Stopp-Kategorien)

Definition:

Keine risikomindernde technische Schutzmaßnahme („ergänzende Sicherheitsfunktion"): Jede Maschine muss mit einem oder mehreren Not-Halt-Befehlsgerät(en) ausgerüstet sein, durch die eine unmittelbar drohende oder eintretende Gefahr vermieden werden kann.

Verbale Formulierung der „ergänzenden Sicherheitsfunktion":

„Wenn ein Not-Halt-Befehlsgerät gedrückt wird, dann soll eine Gefahr bringende Bewegung (Antrieb) sofort beendet werden."

Produktausprägungen (Beispiele):

Erfassen: Sirius-Not-Halt-Befehlsgeräte (Siemens),

Auswerten: sicherheitsgerichtete Auswertung mit einem Sicherheitsschaltgerät 3SK1, ASIsafe, modulares Sicherheitssystem 3RK3, Simatic S7, Sinumerik, Sinamics – Safety Integrated (Siemens),

Reagieren: Sirius-Leistungsschütze mit Spiegelkontakten, Leistungsschalter, Sinamics-Umrichter (Siemens).

Das Betätigungsintervall bzw. Prüfungsintervall wird mit ein Mal pro Woche als Worst Case angenommen (mit 24 h pro Tag und 365 Tagen im Jahr).

Auch wenn ein Not-Halt-Befehlsgerät normalerweise seltener betätigt wird, so soll diese verschärfte Annahme ein Gefühl für die erreichbare Sicherheitsintegrität geben.

Wichtige Anmerkung zur Einstufung der Not-Halt-Funktion im Sinne von gefordertem PL, gemäß DIN EN ISO 13849-1 oder SIL, gemäß DIN EN 62061 (VDE 0113-50):

Meistens reicht ein PL_r = PL c oder SIL = SIL 1.

In Kapitel 2.1.6 „Quantitative und qualitative Einstufung und Bewertung“ dieses Buchs sind weitere praktische Tipps für die Umsetzung einer Not-Halt-Funktion aufgelistet.

Auszug aus DIN EN ISO 13850:2016-05, Abschnitt 4.1.5 „Not-Halt-Ausrüstung“

*4.1.5.1 Die sicherheitsbezogenen Teile eines Steuerungssystems oder die Teilsysteme, welche die Not-Halt-Funktion ausführen, müssen die relevanten Anforderungen der DIN EN ISO 13849-1 und/oder DIN EN 62061 (**VDE 0113-50**) erfüllen.*

Die Bestimmung des erforderlichen Performance Level (PL) oder Sicherheits-Integrationslevel (SIL) sollte den Zweck der Not-Halt-Funktion berücksichtigen, jedoch ist der Mindest-PL_r = c oder SIL = 1 gefordert.

Auf den nachfolgenden Seiten sind typische Ausführungs- und Berechnungsbeispiele dargestellt.

4.2.8.1 SIL 1 nach DIN EN 62061 (VDE 0113-50) und PL c nach DIN EN ISO 13849-1

Erfassen	Auswerten	Reagieren
einkanalig/Kategorie 1, DC = 0 % (je Kanal)		einkanalig/Kategorie 1, DC = 0 % (je Kanal)
CCF irrelevant, T_1 = 20 Jahre	T_1 = 20 Jahre	CCF irrelevant, T_1 = 20 Jahre
B_{10} = 100 000 Schaltspiele, Anteil Gefahr bringender Ausfälle 20 %		B_{10} = 1 000 000 Schaltspiele, Anteil Gefahr bringender Ausfälle 73 %
B_{10D} = 500 000 Schaltspiele, Betätigungszyklus einmal/Woche		B_{10D} = 1 369 863 Schaltspiele, Betätigungszyklus einmal/Woche
DIN EN 62061 (**VDE 0113-50**): SILCL = SIL 1, DIN EN ISO 13849-1: PL c, *SFF* = 0 %	DIN EN 62061 (**VDE 0113-50**): SILCL = SIL 1, SIL 2 oder SIL 3, DIN EN ISO 13849-1: PL c, PL d oder PL e	DIN EN 62061 (**VDE 0113-50**): SILCL = SIL 1, DIN EN ISO 13849-1: PL c, *SFF* = 0 %
$\lambda_D = 1{,}19 \cdot 10^{-9}$, $MTTF_D$ = 95 890 Jahre, DIN EN 62061 (**VDE 0113-50**): $PFH_D = 1{,}19 \cdot 10^{-9}$, DIN EN ISO 13849-1: $PFH_D = 1{,}14 \cdot 10^{-6}$	DIN EN 62061 (**VDE 0113-50**) und DIN EN ISO 13849-1 PFH_D = abhängig von dem ausgewählten Produkt	$\lambda_D = 4{,}35 \cdot 10^{-10}$, $MTTF_D$ = 262 713 Jahre, DIN EN 62061 (**VDE 0113-50**): $PFH_D = 4{,}35 \cdot 10^{-10}$, DIN EN ISO 13849-1: $PFH_D = 1{,}14 \cdot 10^{-6}$

Achtung:
Sollte das Leistungsschütz auch betriebsmäßig geschaltet werden, dann ist dieses Betätigungsintervall anzusetzen!

Tabelle 4.1 SIL 1, PL c: Not-Halt-Berechnung

Anmerkung:

Die elektrische Reihenschaltung bei Not-Halt-Befehlsgeräten ist erlaubt:

Jedes Not-Halt-Befehlsgerät ist Teil einer eigenständigen „ergänzenden Sicherheitsfunktion“ und bildet nicht gemeinsam eine einzelne „ergänzende Sicherheitsfunktion“, weil es keine Abhängigkeit zwischen den Not-Halt-Befehlsgeräten gibt. Sollten die Not-Halt-Befehlsgeräte den gleichen B_{10}-Wert und Anteil Gefahr bringender Ausfälle haben, dann darf stellvertretend für alle Not-Halt-Abschaltungen eine einzelne „ergänzende Sicherheitsfunktion“ berechnet werden.

Bild 4.9 zeigt ein Ausführungsbeispiel: Sirius-Not-Halt-Befehlsgerät, Leistungsschütz und modulares Sicherheitssystem 3RK3 (Siemens).

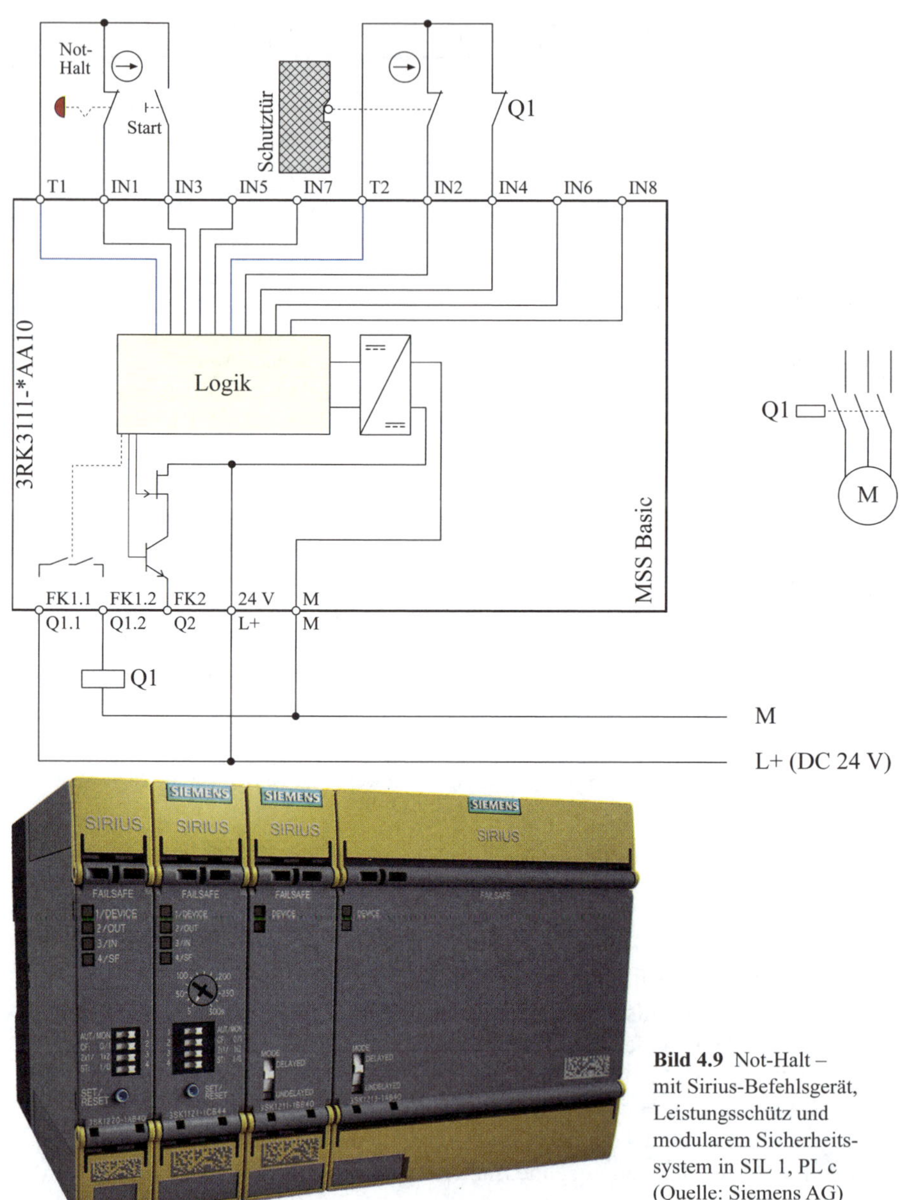

Bild 4.9 Not-Halt – mit Sirius-Befehlsgerät, Leistungsschütz und modularem Sicherheitssystem in SIL 1, PL c (Quelle: Siemens AG)

4.2.8.2 SIL 2 nach DIN EN 62061 (VDE 0113-50) und PL d nach DIN EN ISO 13849-1

Erfassen	Auswerten	Reagieren
zweikanalig/Kategorie 4 DC = 99 % (je Kanal)		einkanalig (Leistungsschütz) mit Fehlerreaktion (zweiter Kanal, Leistungsschalter)/Kategorie 2, DC 1 = 90 % bis 99 %, DC 2 = 60 %
CCF-Faktor = 5 %, T_1 = 20 Jahre	T_1 = 20 Jahre	CCF irrelevant, T_1 = 20 Jahre
B_{10} = 100 000 Schaltspiele, Anteil Gefahr bringender Ausfälle 20 %		B_{10} = 1 000 000 Schaltspiele, B_{10} = 5 000 Schaltspiele, Anteil Gefahr bringender Ausfälle 75 % und 50 %
B_{10D} = 500 000 Schaltspiele, Betätigungszyklus einmal/Woche		B_{10D} = 1 369 863 Schaltspiele, B_{10D} = 10 000 Schaltspiele, Betätigungszyklus einmal/Woche
DIN EN 62061 (**VDE 0113-50**): SILCL = SIL 3, DIN EN ISO 13849-1: PL e, *SFF* = 99 %	DIN EN 62061 (**VDE 0113-50**): SILCL = SIL 3, DIN EN ISO 13849-1: PL e	DIN EN 62061 (**VDE 0113-50**): SILCL = SIL 2, DIN EN ISO 13849-1: PL d, *SFF* = 90 % bis 99 %
strukturelle Einschränkung: irrelevant, Kanal 1 $\lambda_{D1} = 1{,}19 \cdot 10^{-9}$, Kanal 2 $\lambda_{D2} = 1{,}19 \cdot 10^{-9}$		strukturelle Einschränkung: ja, wegen Fehlerausschluss des Leistungsschalters bis zur nächsten Prüfung, Kanal 1 $\lambda_{D1} = 4{,}35 \cdot 10^{-10}$, Kanal 2 $\lambda_{D2} = 5{,}95 \cdot 10^{-8}$
$MTTF_D$ = 95 890 Jahre, DIN EN 62061 (**VDE 0113-50**): $PFH_D = 5{,}95 \cdot 10^{-11}$, DIN EN ISO 13849-1: $PFH_D = 2{,}47 \cdot 10^{-8}$	DIN EN 62061 (**VDE 0113-50**) und DIN EN ISO 13849-1 PFH_D = abhängig von dem ausgewählten Produkt	Kanal 1 $MTTF_{D1}$ = 262 713 Jahre, Kanal 2 $MTTF_{D2}$ = 1 918 Jahre, DIN EN 62061 (**VDE 0113-50**): $PFH_D = 4{,}35 \cdot 10^{-11}/4{,}35 \cdot 10^{-12}$, DIN EN ISO 13849-1: $PFH_D = 2{,}29 \cdot 10^{-7}$

Tabelle 4.2 SIL 2, PL d: Not-Halt-Berechnung

Bild 4.10 zeigt ein Ausführungsbeispiel: Sirius-Not-Halt-Befehlsgerät, Leistungsschalter, Leistungsschütz und modulares Sicherheitssystem 3RK3 (Siemens).

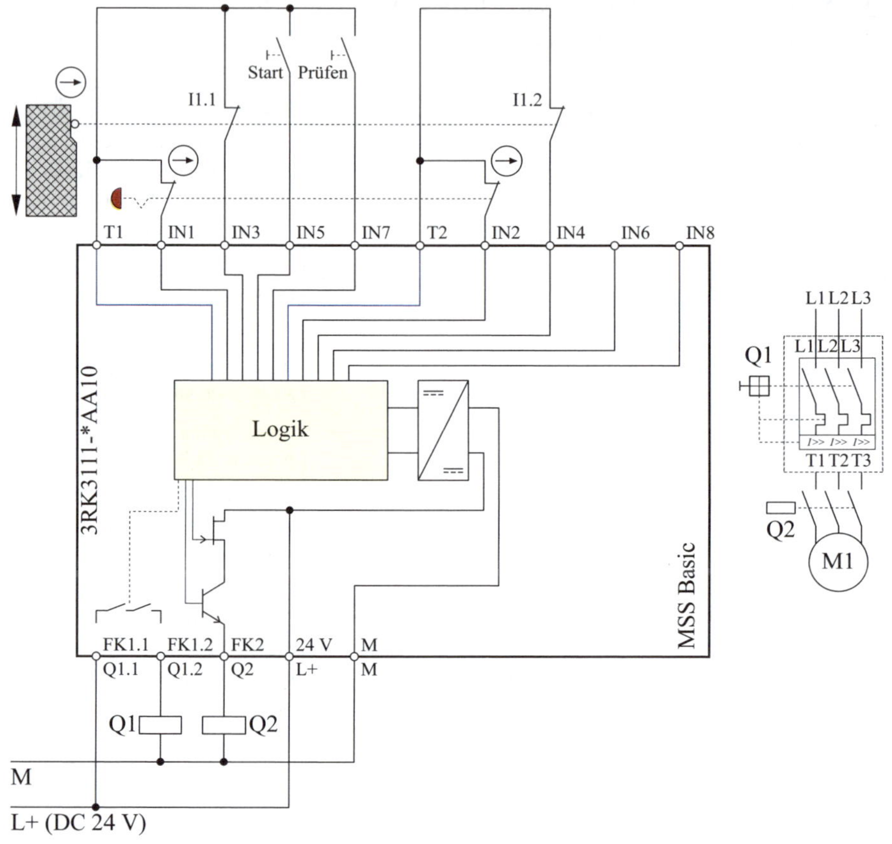

Bild 4.10 Not-Halt – mit Befehlsgerät, Leistungsschalter, Leistungsschütze und modularem Sicherheitssystem in SIL 2, PL d
(Quelle: Siemens AG)

Anmerkung:

Die elektrische Reihenschaltung bei Not-Halt-Befehlsgeräten ist erlaubt:

Jedes Not-Halt-Befehlsgerät ist Teil einer eigenständigen „ergänzenden Sicherheitsfunktion" und bildet nicht gemeinsam eine einzelne „ergänzende Sicherheitsfunktion", weil es keine Abhängigkeit zwischen den Not-Halt-Befehlsgeräten gibt. Sollten die Not-Halt-Befehlsgeräte den gleichen B_{10}-Wert und Anteil Gefahr bringender Ausfälle haben, dann darf stellvertretend für alle Not-Halt-Abschaltungen eine einzelne „ergänzende Sicherheitsfunktion" berechnet werden.

4.2.8.3 SIL 3 nach DIN EN 62061 (VDE 0113-50) und PL e nach DIN EN ISO 13849-1

Erfassen	**Auswerten**	**Reagieren**
zweikanalig/Kategorie 4, DC = 99 % (je Kanal)		zweikanalig/Kategorie 4, DC = 99 % (je Kanal)
CCF-Faktor = 2 %, T_1 = 20 Jahre	T_1 = 20 Jahre	CCF-Faktor = 2 %, T_1 = 20 Jahre
B_{10} = 100 000 Schaltspiele, Anteil Gefahr bringender Ausfälle 20 %		B_{10} = 1 000 000 Schaltspiele, Anteil Gefahr bringender Ausfälle 73 %
B_{10D} = 500 000 Schaltspiele, Betätigungszyklus einmal/Woche		B_{10D} = 1 369 863 Schaltspiele, Betätigungszyklus einmal/Woche
DIN EN 62061 (**VDE 0113-50**): SILCL = SIL 3, DIN EN ISO 13849-1: PL e, *SFF* = 99 %	DIN EN 62061 (**VDE 0113-50**): SILCL = SIL 3, DIN EN ISO 13849-1: PL e	DIN EN 62061 (**VDE 0113-50**): SILCL = SIL 3, DIN EN ISO 13849-1: PL e, *SFF* = 99 %
$\lambda_{D1} = 1{,}19 \cdot 10^{-9}$, $\lambda_{D2} = 1{,}19 \cdot 10^{-9}$, $MTTF_D$ = 95 890 Jahre,		$\lambda_{D1} = 4{,}35 \cdot 10^{-10}$, $\lambda_{D2} = 4{,}35 \cdot 10^{-10}$, $MTTF_D$ = 262 713 Jahre,
DIN EN 62061 (**VDE 0113-50**): $PFH_D = 2{,}39 \cdot 10^{-11}$, DIN EN ISO 13849-1: $PFH_D = 2{,}47 \cdot 10^{-8}$	DIN EN 62061 (**VDE 0113-50**) und DIN EN ISO 13849-1 PFH_D = abhängig von dem ausgewählten Produkt	DIN EN 62061 (**VDE 0113-50**): $PFH_D = 8{,}69 \cdot 10^{-12}$, DIN EN ISO 13849-1: $PFH_D = 2{,}47 \cdot 10^{-8}$

Tabelle 4.3 SIL 3, PL e: Not-Halt-Berechnung

Achtung:

Sollten die Leistungsschütze auch betriebsmäßig geschaltet werden, dann ist dieses Betätigungsintervall anzusetzen! Die Anforderungen zur zeitlichen Fehleraufdeckung müssen berücksichtigt werden, sodass es nicht grundsätzlich zu einer Fehleranhäufung während des betriebsmäßigen Schaltens kommen kann. Ist dies nicht gegeben, dann muss das betriebsmäßige Schalten anders realisiert werden.

Bild 4.11 zeigt ein Ausführungsbeispiel: Sirius-Not-Halt-Befehlsgerät, Leistungsschütze und modulares Sicherheitssystem 3RK3 (Siemens).

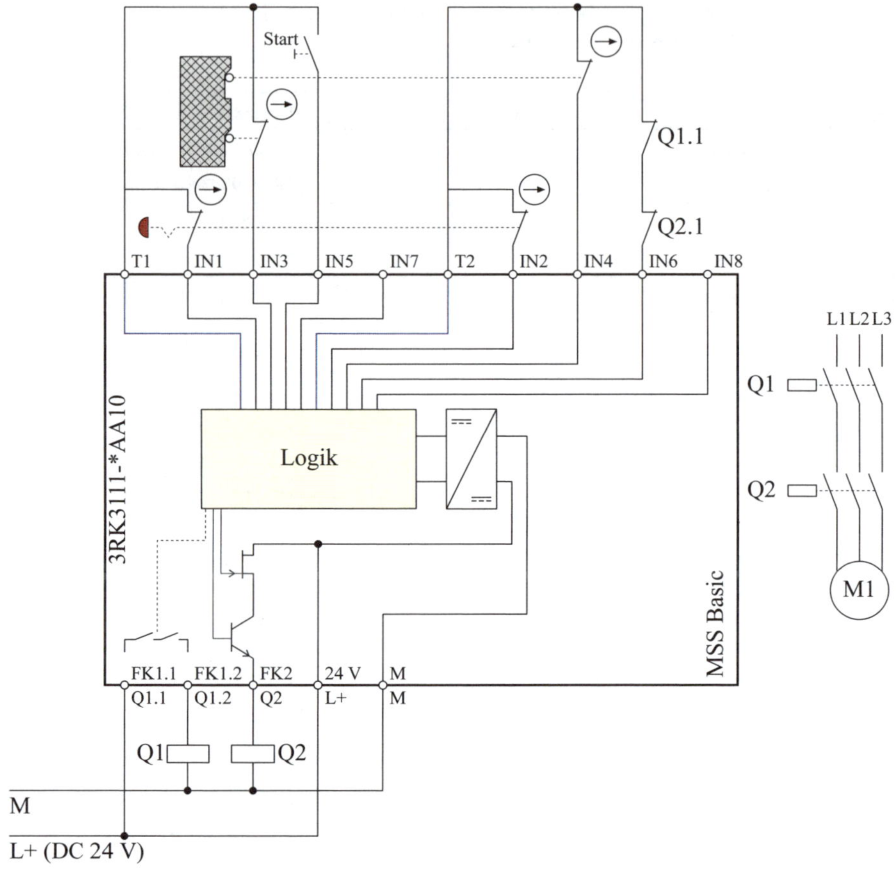

Bild 4.11 Not-Halt – mit Befehlsgerät, Leistungsschütze und modularem Sicherheitssystem in SIL 3, PL e (Quelle: Siemens AG)

Anmerkung:

Die elektrische Reihenschaltung bei Not-Halt-Befehlsgeräten ist erlaubt:

Jedes Not-Halt-Befehlsgerät ist Teil einer eigenständigen „ergänzenden“ Sicherheitsfunktion und bildet nicht gemeinsam eine einzelne „ergänzende“ Sicherheitsfunktion, weil es keine Abhängigkeit zwischen den Not-Halt-Befehlsgeräten gibt. Sollten die Not-Halt-Befehlsgeräte den gleichen B_{10}-Wert und Anteil Gefahr bringender Ausfälle haben, dann darf stellvertretend für alle Not-Halt-Abschaltungen eine einzelne „ergänzende“ Sicherheitsfunktion berechnet werden.

4.2.9 Errichtung von Stromkreisen für Not-Halt-Funktionen

Werden Not-Halt-Stromkreise klassisch verdrahtet, muss grundsätzlich der Basis- und Fehlerschutz immer berücksichtigt werden. Die Spannungsart (AC oder DC) und die Spannungshöhe bestimmen dabei die Art der Schutzvorkehrungen.

Natürlich gelten die Betrachtungen auch für Not-Aus-Befehlsgeräte.

Schutzvorkehrung für den Basisschutz

In der Regel wird als Schutzvorkehrung für den Basisschutz ein Gehäuse verwendet.

Das Gehäuse soll das Berühren von aktiven Teilen des versorgten Not-Halt-Befehlsgeräts verhindern. Die Gehäuse sind meistens in der Schutzart IP65 ausgeführt. Die Kabelverschraubung, durch die die Zuleitung in das Gehäuse eingeführt wird, muss ebenfalls entsprechend dieser Schutzart ausgewählt werden.

Schutzvorkehrung für den Fehlerschutz

Wenn der Steuerstromkreis für den Not-Halt eine Spannung von AC > 50 V hat, so muss bei einem Schutzklasse-I-Gerät der Schutzleiter in der Anschlussleitung mitgeführt und im Inneren des Gehäuses angeschlossen werden.

Tritt in diesem Gehäuse ein Isolationsfehler auf, muss bei einem geerdeten Stromkreis mit einer Versorgungsspannung von z. B. AC 230 V innerhalb von 0,4 s (DIN VDE 0100-410) automatisch abgeschaltet werden.

Doch Not-Halt-Befehlsgeräte von Maschinen sind meistens auf der Anlage verteilt angeordnet. Sie können auf Steuerpulten, aber auch an anderen Gefahrenstellen angebracht sein.

Genau hier lauert die Gefahr:

Zum Beispiel benötigt zwar die Versorgung des Unterspannungsauslösers einer Netztrenneinrichtung nur einen geringen Betriebsstrom, doch bei einem Isolationsfehler im Gehäuse eines Not-Halt-Befehlsgeräts kann ab einer bestimmten Leitungslänge der erforderliche Kurzschlussstrom, der für die schnelle Auslösung (0,4 s) des Leitungsschutzschalters notwendig wäre, nicht mehr fließen.

Auch die Impedanz des Steuertransformators muss natürlich als Stromquelle den erforderlichen Kurzschlussstrom ermöglichen.

Überstromschutzeinrichtung

In heutigen Steuerstromkreisen werden meistens Leitungsschutzschalter mit der Auslösecharakteristik B verwendet. Ein Leitungsschutzschalter mit solcher Charakteristik benötigt für eine Abschaltung in 0,4 s einen Mindeststrom, der mindestens das Dreifache des Bemessungsstroms betragen muss, siehe **Bild 4.12**.

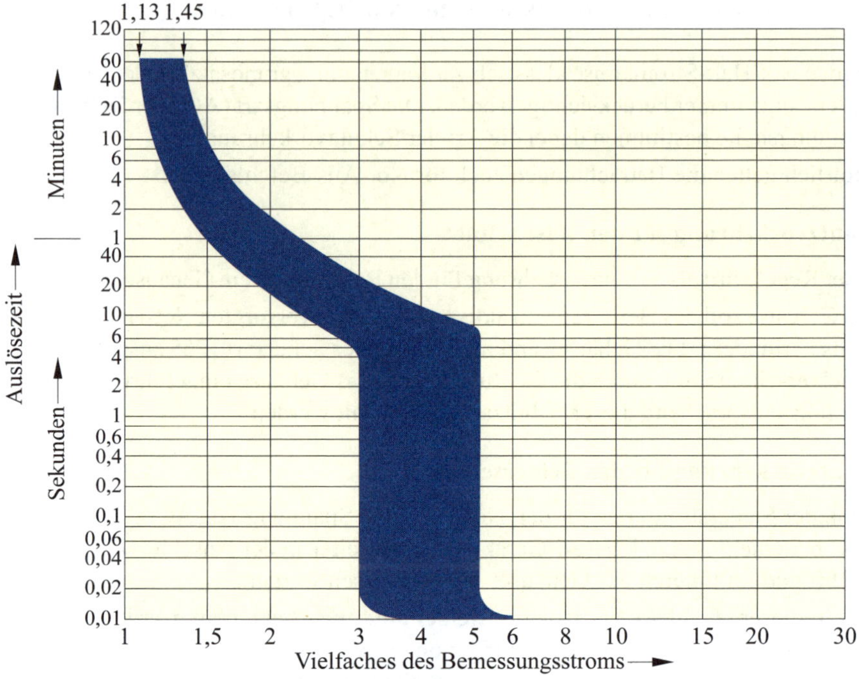

Bild 4.12 Leitungsschutzschalter mit Auslösecharakteristik B

Ein Leitungsschutzschalter mit einem Bemessungsstrom von 16 A benötigt für eine Auslösung einen Auslösestrom, der größer als 50 A sein muss. Diesen Strom muss natürlich die Stromquelle (Steuertransformator) liefern können, doch in den meisten Fällen spielt die Impedanz der Fehlerschleife (aktiver Leiter + Schutzleiter) die größere Rolle.

Maximale Leitungslängen beachten

Der größte Projektierungsfehler wird meistens bei der Nichtbeachtung der max. möglichen Leitungslänge zu einem Not-Halt-Befehlsgerät gemacht, denn die in den Normen angegebenen max. Leitungslängen zwischen Leitungsschutzschalter und Not-Halt-Befehlsgerät müssen wegen der Hin- und Rückleitung auch noch halbiert werden.

DIN EN 60204-1 (**VDE 0113-1**) liefert in einer Tabelle Beispiele von max. Leitungslängen. Unter der Annahme, dass die Stromquelle eine Impedanz von max. 500 mΩ und die Zuleitung einen Leiterquerschnitt 1,5 mm^2 hat, darf die Leitungslänge max. 76 m sein (Hin- und Rückleiter). Dies bedeutet, dass die Entfernung zwischen dem Schaltschrank und dem Not-Halt-Befehlsgerät nur 38 m betragen darf. Diese Längenbegrenzung dürfte bei großen Maschinen nicht ausreichend sein. Werden viele Not-Halt-Befehlsgeräte in Reihe geschaltet, werden die geforderten Abschaltbedingungen nicht erreicht, siehe **Bild 4.13**.

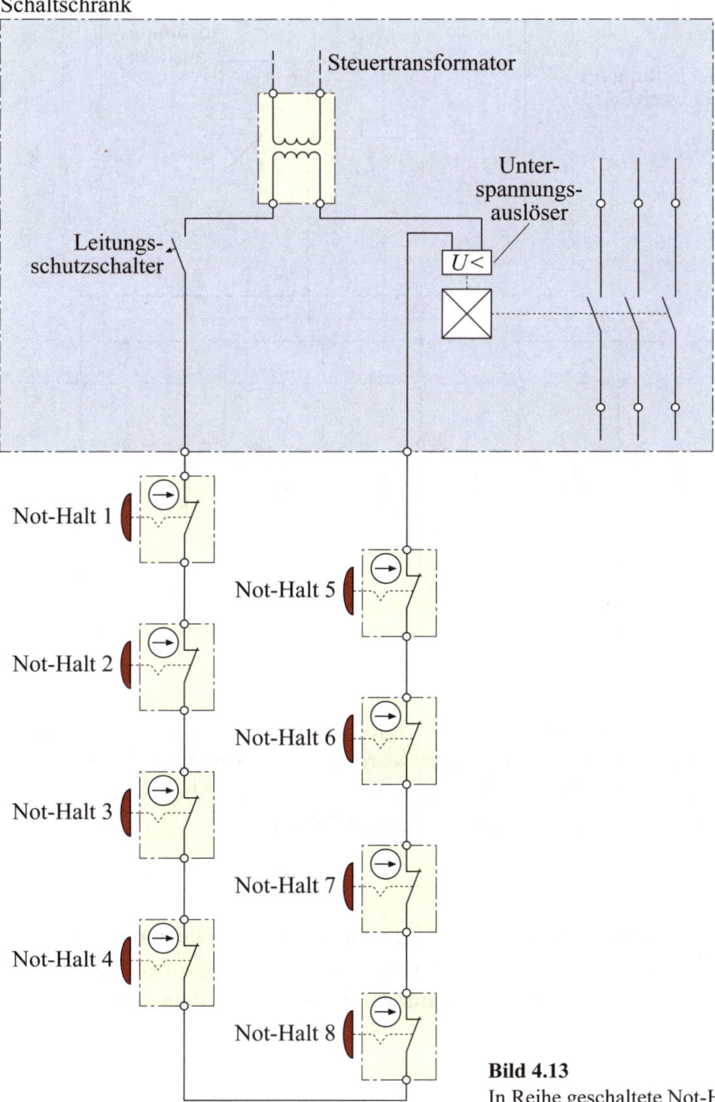

Bild 4.13
In Reihe geschaltete Not-Halt-Befehlsgeräte

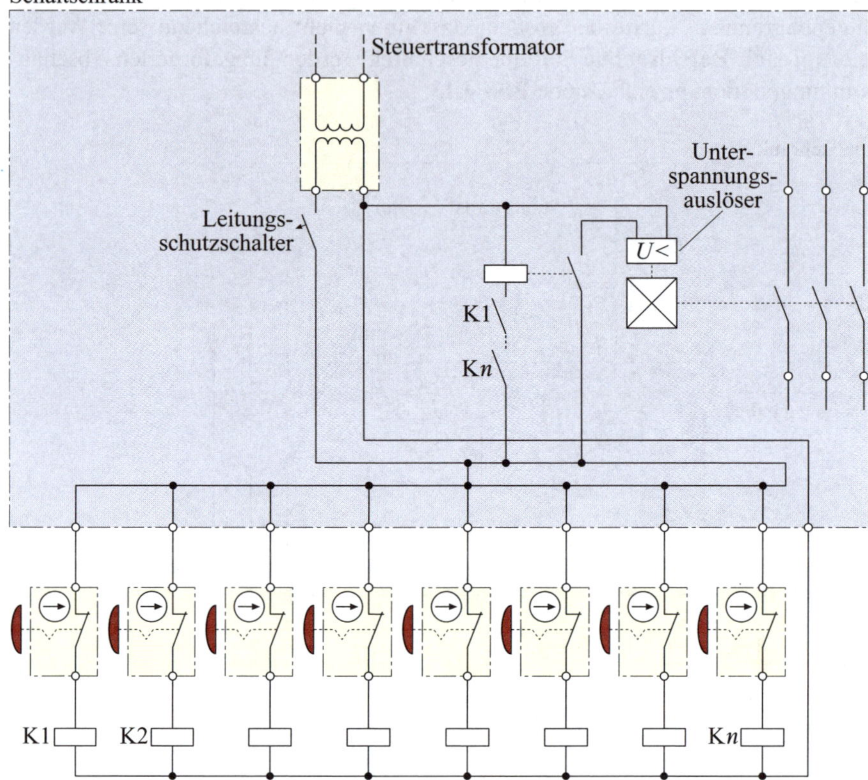

Bild 4.14 Parallel geschaltete Not-Halt-Befehlsgeräte

Abhilfe kann die Parallelschaltung der Not-Halt-Befehlsgeräte schaffen, doch dann müssen zusätzlich Hilfsschütze vorgesehen werden, siehe **Bild 4.14**. Können trotz einer Parallelschaltung die Abschaltbedingungen nicht eingehalten werden, bietet sich die Verwendung von Bussystemen an, siehe **Bild 4.18**.

Spannungsfall

Da die Zuleitung zu einem Not-Halt-Befehlsgerät in der Regel einen Querschnitt von 1,5 mm^2 hat und der Unterspannungsauslöser nur einen geringen Haltestrom benötigt, kann der Spannungsfall für diesen Anwendungsfall außer Acht gelassen werden.

Querschlusssicherheit

Die einfachste Einbindung eines Not-Halt-Befehlsgeräts bei einer Maschine ist die Reihenschaltung des Öffners (Ruhestromkontakt) des Not-Halt-Befehlsgeräts mit einem Unterspannungsauslöser einer Netztrenneinrichtung. Diese Art der Errichtung der Abschaltung ist jedoch nicht gegen einen Querschluss (Kurzschluss) zwischen den beiden Leitern der Zuleitung zum Not-Halt-Befehlsgerät geschützt. Werden z. B. diese beiden Leiter durch eine mechanische Beschädigung kurzgeschlossen, ohne dass ein Erdschluss erzeugt wird, ist der Not-Halt außer Funktion gesetzt, siehe **Bild 4.15**.

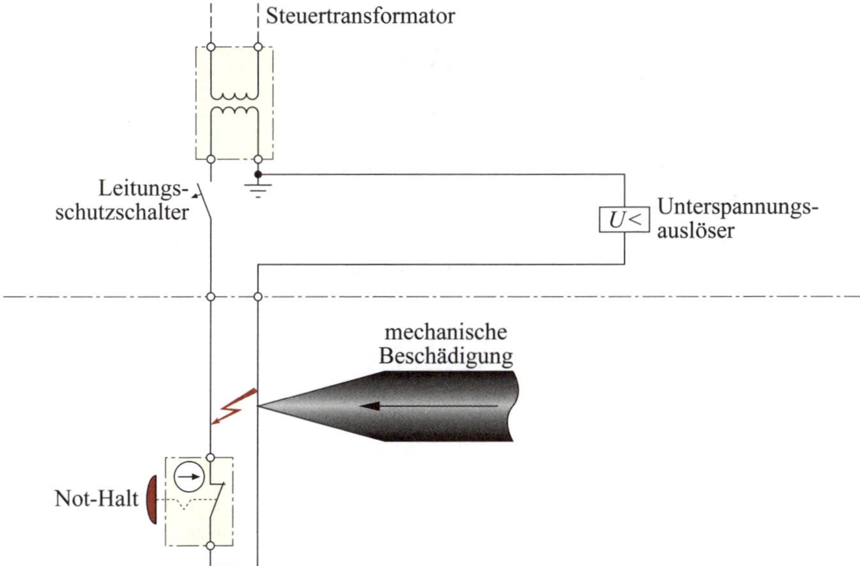

Bild 4.15 Querschluss ohne automatische Abschaltung

Ein Schutz gegen Querschluss kann durch die Verwendung einer geschirmten Leitung, die geerdet wird, erreicht werden. In so einem Fall wird bei Quetschung und Querschluss eines geerdeten Steuerstromkreises auch ein Erdschluss erzeugt: Die Kurzschlussschutzeinrichtung schaltet dann den betroffenen Steuerstromkreis komplett ab, siehe **Bild 4.16**.

Mithilfe von modernen Sicherheitsschaltgeräten kann ein Querschluss, ohne dass die automatische Abschaltung des gesamten Steuerkreises ausgelöst wird, erkannt und gemeldet werden (**Bild 4.17**).

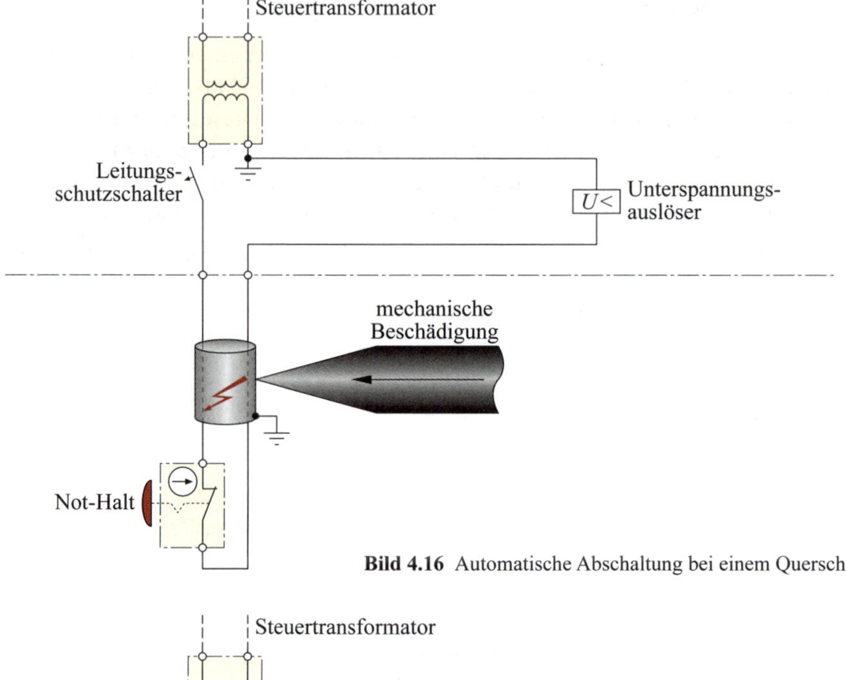

Bild 4.16 Automatische Abschaltung bei einem Querschluss

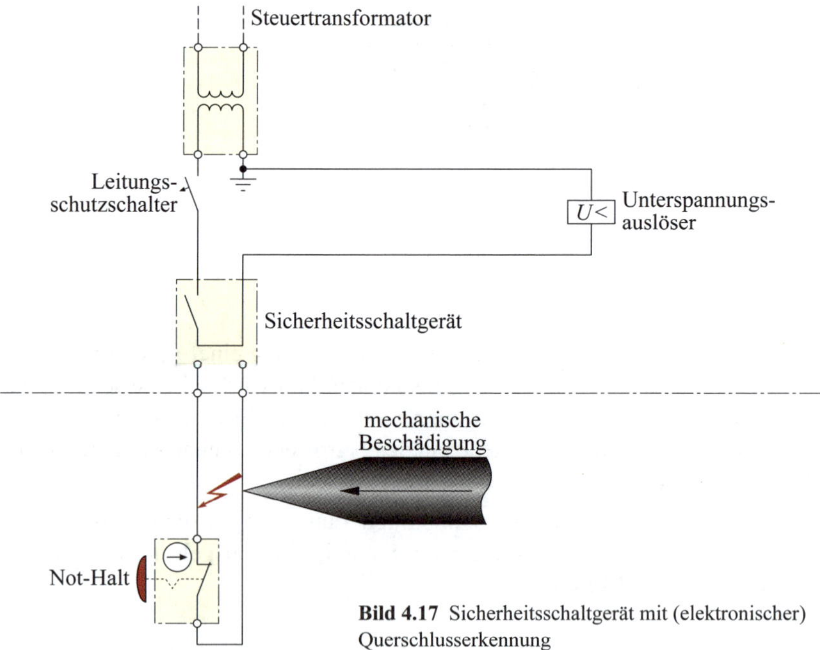

Bild 4.17 Sicherheitsschaltgerät mit (elektronischer) Querschlusserkennung

Dabei werden Testimpulse verwendet, die sogar bei einer „einkanaligen“ Verdrahtung, also bei Verwendung eines einzelnen zwangsöffnenden Kontakts des Not-Halt-Befehlsgeräts, einen Querschluss in der Maschine erkennen. Ein Querschluss der beiden Adern untereinander kann damit nicht erkannt werden. Dazu ist eine zweikanalige Verdrahtung notwendig.

Dieses Konzept ist für Anlagen, die über eine hohe Verfügbarkeit verfügen müssen, sehr hilfreich.

Sicherheitsgerichtete Bussysteme

Durch den modularen Aufbau heutiger Maschinen werden oft sicherheitsgerichtete dezentrale Peripheriebaugruppen verwendet.

Diese werden von Komponentenherstellern mit einer Aussage hinsichtlich eines SIL gemäß DIN EN 62061 (**VDE 0113-50**) oder eines PL gemäß DIN EN ISO 13849-1 angeboten.

Damit diese Peripheriebaugruppen von einer sicherheitsgerichteten Steuerung (SPS) ausgewertet werden können, ist eine sicherheitsgerichtete Kommunikation, also ein Bussystem, erforderlich.

Die verschiedensten Lösungen sind heute erhältlich, alle Bussysteme und deren Protokolle sind in den Normen der Reihe DIN EN 61784-3 (**VDE 0803-500**) [30] beschrieben.

Die meisten Bussysteme sind für einen SIL 3 gemäß DIN EN 62061 (**VDE 0113-50**) oder einen PL e gemäß DIN EN ISO 13849-1 geeignet.

Wegen der grundsätzlichen Anforderung an die Not-Halt-Funktion und um eine Bewertung wie für eine Sicherheitsfunktion vornehmen zu können, ist der Einsatz von diesen sicherheitsgerichteten Bussystemen gängige Praxis.

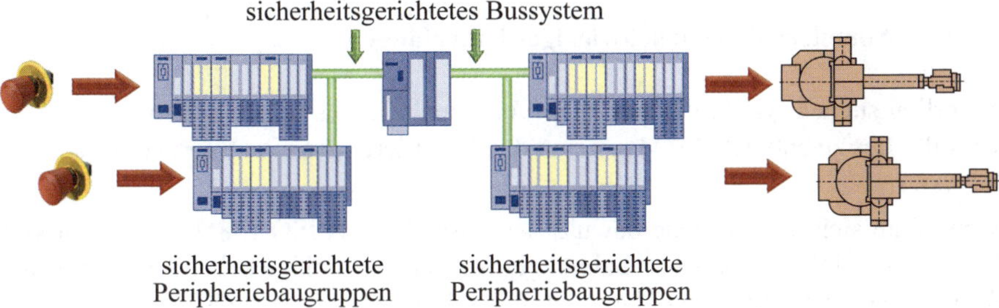

Bild 4.18 Automatisierung mit einem sicherheitsgerichteten Bussystem

4.3 Der Schutzkragen

4.3.1 Nicht alles, was gut aussieht, ist auch sinnvoll

„Schlage mich, aber zerstöre mich nicht" – so der Anspruch des Not-Halt-Befehlsgeräts mit einem Schutzkragen. Warum auch noch schützen, was doch nie betätigt werden soll?

Der Schutzkragen hat nicht nur Freunde.

Wenn ein Not-Halt in der Reichweite des Bedieners sein soll, dann wird er so montiert, dass er auch für den Bediener erreichbar ist. Aber was tun, wenn das Not-Halt-Befehlsgerät dem Risiko ausgesetzt ist, zerstört oder immer wieder ungewollt betätigt zu werden?

Ihm einen Schutzkragen zur Unterstützung geben. So einfach ist das. Oder doch nicht?

DIN EN ISO 13850 gebietet dem heutigen Wildwuchs Einhalt.

Es gibt leider viele Beispiele, die den Geräteherstellern nicht wirklich gut stehen.

Es ist aber auch irgendwie intuitiv nachvollziehbar, dass Schutzkragen, die lediglich 180° umfassen, den Bediener nicht bei der Betätigung behindern werden.

Andere Lösungen, die einen kreisförmigen Schutzkragen anbieten, der zwar optisch (mehrmals) unterbrochen ist, können aus ergonomischen Gesichtspunkten niemals eine sinnvolle Lösung darstellen.

Als Bediener möchte ich trotz abgerundeter Kanten keine Angst vor einem solchen Schutzkragen haben müssen. Und die Lücken in diesem 360°-Schutzkragen ändern leider nichts an der Tatsache, dass eine Hand aus Muskeln besteht, denen das nicht wirklich guttut, wenn sie in diese Lücken gepresst werden (siehe Kapitel 4.3.2).

Design sollte nicht vor Sinnhaftigkeit stehen.

4.3.2 Normieren? – ein schwieriges Unterfangen

Natürlich suchen wir Anwender nach Vorgaben, die uns helfen sollen, nichts Unvorteilhaftes zu entwickeln. Man nennt das Anforderungen einer Norm (en: requirements).

Wenn man sich der Tatsache bewusst ist, dass DIN EN ISO 13850 alle Arten von Not-Halt-Funktionen, und das unabhängig von den Technologien, betrachten möchte, dann wird einem sehr schnell bewusst, wie schwierig das Ganze ist.

So sortiert die Experten auch sein mögen, die Diskussionen führen zu höchst kreativen Überlegungen, nachfolgend soll die Problematik der Beteiligten aufgezeigt werden.

Testkriterien: bloß welche denn?

Der Kerngedanke aller Überlegungen ist eine mögliche Verletzungsgefahr des Anwenders, wenn ein Schutzkragen das Not-Halt-Befehlsgerät vor der rauen Wirklichkeit schützen soll.

Hand. Faust. Oder nur Finger?

Hier fängt alles an: *die normierte Hand.*

Es gibt sie wirklich, diese normierte Hand, weil es nichts gibt, das nicht auch statisch erfasst werden kann. In DIN 33402-2 finden wir folgende Aussage: 121 mm bei 95 Perzentil (**Tabelle 4.4**).

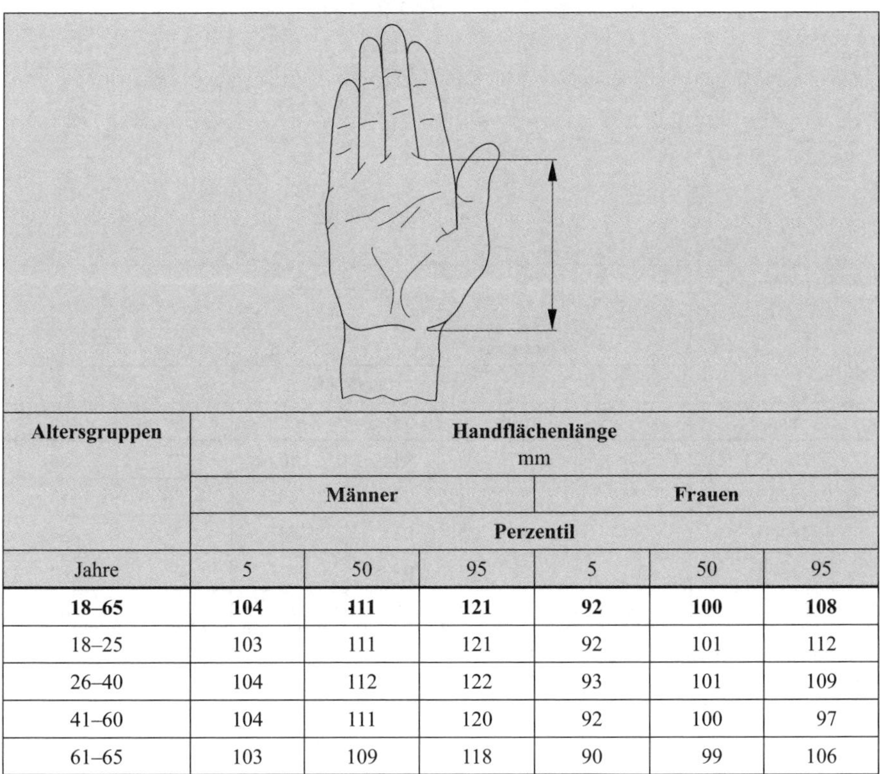

Altersgruppen	**Handflächenlänge** mm					
	Männer			**Frauen**		
	Perzentil					
Jahre	5	50	95	5	50	95
18–65	**104**	**111**	**121**	**92**	**100**	**108**
18–25	103	111	121	92	101	112
26–40	104	112	122	93	101	109
41–60	104	111	120	92	100	97
61–65	103	109	118	90	99	106

Tabelle 4.4 Die Handlänge nach DIN 33402-2
(Quelle: DIN 33402-2:2005-12, Tabelle 51)

Mit anderen Worten, bei 95 % der männlichen Menschen hat die Handinnenfläche eine Länge von 121 mm. Bei Frauen sind es 105 mm. Man nennt das auch *Ergonomie des Menschen.*

DIN 33402-2 macht auch Aussagen zu der Handbreite (**Tabelle 4.5**).

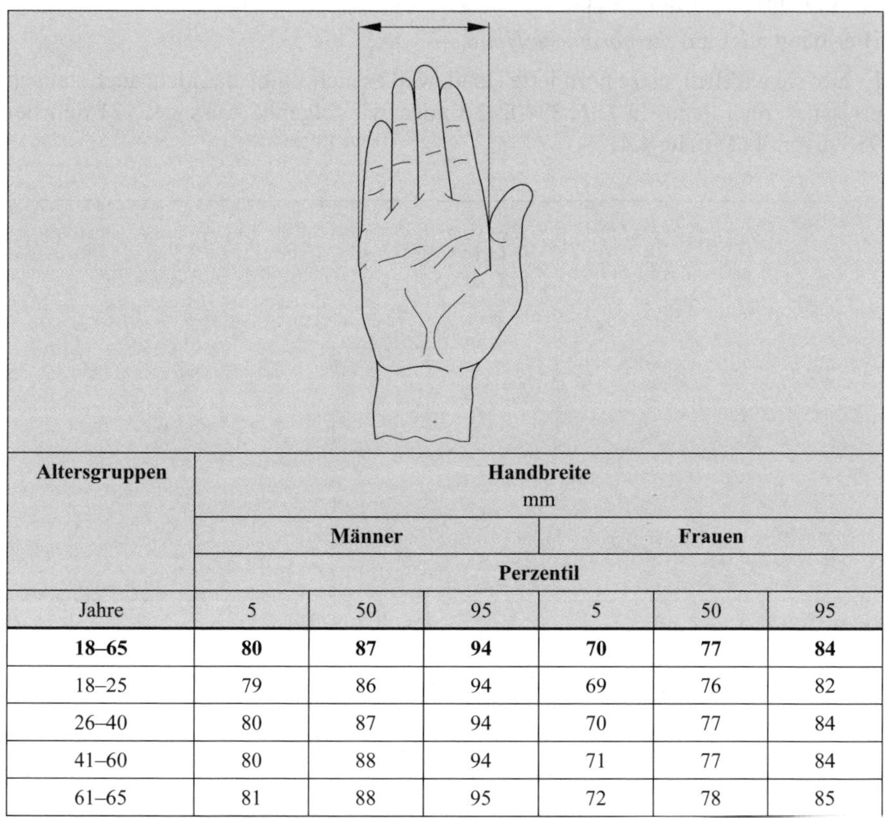

Altersgruppen	**Handbreite** mm					
	Männer			**Frauen**		
	Perzentil					
Jahre	5	50	95	5	50	95
18–65	**80**	**87**	**94**	**70**	**77**	**84**
18–25	79	86	94	69	76	82
26–40	80	87	94	70	77	84
41–60	80	88	94	71	77	84
61–65	81	88	95	72	78	85

Tabelle 4.5 Die Handbreite nach DIN 33402-2
(Quelle: DIN 33402-2:2005-12, Tabelle 56)

Darüber hinaus wurde ein *Kugeltest* diskutiert. Zwei Varianten mussten herhalten: eine Kugel mit 170 mm Durchmesser und eine mit 120 mm.

Bild 4.19 zeigt Variante 1, als Kugeltest mit 170 mm.

Bild 4.20 zeigt Variante 2, als Kugeltest mit 120 mm.

Wir reden bei diesem wissenschaftlichen Test von der Erkenntnis, dass entweder 5,5 mm oder 8 mm Eindringtiefe oder Betätigungsweg beim Not-Halt-Befehlsgerät notwendig sind, damit eine Auslösung der Not-Halt-Funktion bzw. eine Verrastung des Not-Halt-Befehlsgeräts erfolgt.

2,5 mm Unterschied also: nicht schlecht, aber nicht wirklich hilfreich. So kam, was kommen musste: Der Test wurde doch nicht in der Norm verankert, aber zeigt sehr anschaulich die Problematik auf.

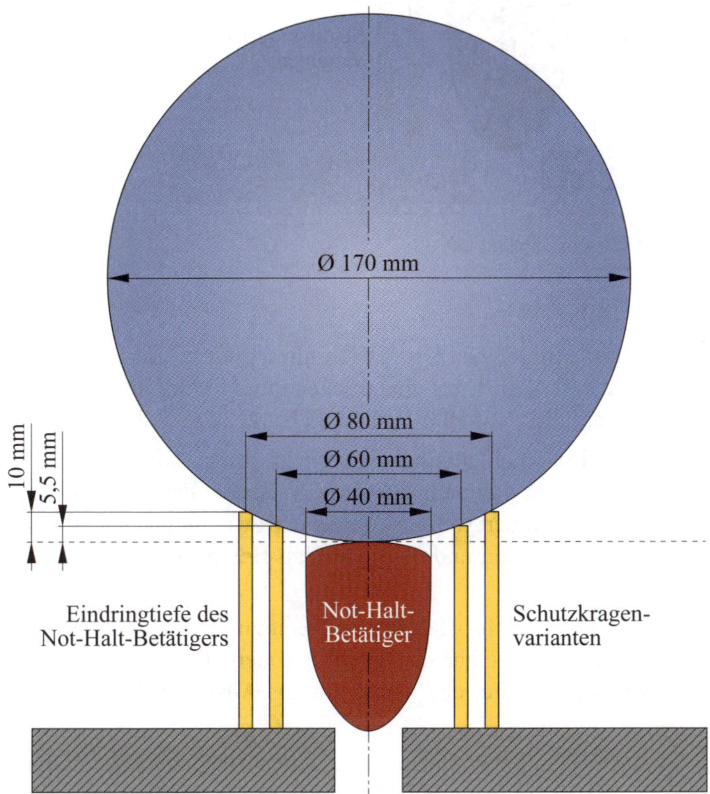

Bild 4.19 Ein Kugeltest mit 170 mm Durchmesser

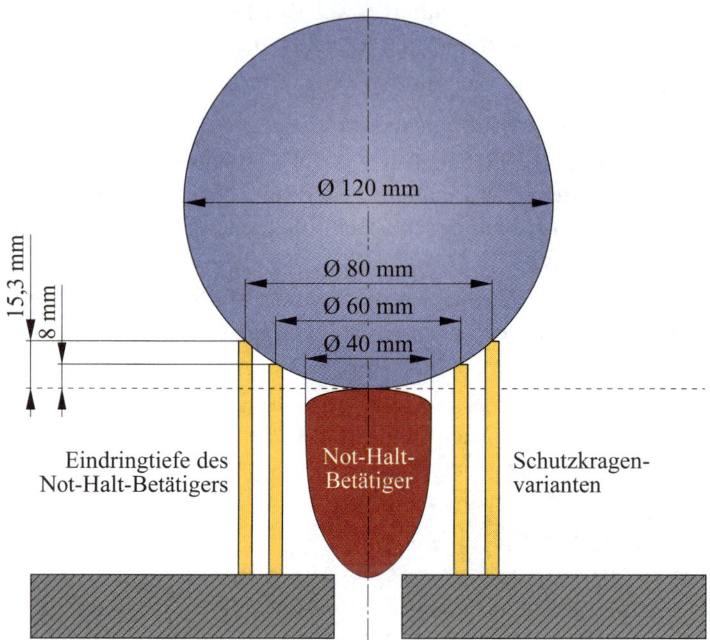

Bild 4.20 Ein Kugeltest mit 120 mm Durchmesser

Wie groß darf es denn bitte sein?

Ist das wirklich die Schlüsselfrage? Die Diskussion um diesen wissenschaftlichen Test hat aber eines zutage gefördert: Der Schutzkragen muss immer in Verbindung mit der Größe (Durchmesser) des Not-Halt-Betätigers betrachtet werden.

Was heißt das? Ungemach droht nicht durch den Schutzkragen als solchen im Sinne einer Verletzungsgefahr, sondern vielmehr durch die Tatsache, dass das Auslösen des Not-Halt-Befehlsgeräts verhindert werden könnte: und zwar durch Gegenstände, die sich zwischen dem Schutzkragen und dem Not-Halt-Befehlsgerät „verkanten" könnten.

Oder anders formuliert: Wenn das Not-Halt-Befehlsgerät zu klein und der Schutzkragen zu groß ist, dann besteht die Gefahr, dass in diesem unerwünschten „Zwischenraum" etwas vorhanden sein könnte, das wiederum das Auslösen des Not-Halt-Befehlsgeräts verhindern könnte.

Somit ist der Durchmesser des Schutzkragens allein nicht entscheidend, sondern die Kombination von Schutzkragen und Not-Halt-Befehlsgerät.

Das spiegelt sich leider nicht in diesem Kugeltest wider.

360°?

Oder anders gefragt: Handinnenfläche, Handballen oder Faust?

Wahr ist, dass keiner auf den roten Knopf drücken möchte, und wahr ist auch, dass es nicht wehtun sollte, wenn ich mich doch dazu entschieden hätte. Das zaghafte Betätigen mit den Fingern sollte in einer Stresssituation ausgeschlossen werden – nach Meinung der Autoren zu Unrecht.

Bleibt also nur noch die Handinnenfläche, der Handballen oder die Faust.

Favoriten sind der Handballen und die Faust: Allein die optische Tatsache, einen schönen gelb strahlenden Schutzkragen zu sehen, führt dazu, dass Respekt vor diesem Teil aufkommt. Das wiederum führt dazu, dass der Handballen oder die Faust als ideales Schlagorgan intuitiv in Betracht gezogen wird.

Oder würden Sie, auf Gedeih und Verderb, mit der gesamten Handinnenfläche auf so etwas schlagen wollen? Wohl kaum. Nach DIN 33402-2 kann somit eine Faustbreite von 60 mm abgeleitet werden. Das wiederum erklärt, warum sich heutige Produkte im Markt etabliert haben: der Not-Halt-Betätiger mit 40 mm Durchmesser und ein Schutzkragen mit 60 mm bis 80 mm Durchmesser.

Der Kreis schließt sich also hier: Wir freuen uns, dass die Statistik (somit DIN 33402-2) nicht im Widerspruch zur gefühlten Realität steht und erst recht nicht zu den seit Jahrzehnten im Markt etablierten Lösungen.

Bleibt noch die Frage, ob 360° sinnvoll sind. Antwort: Nicht wirklich – es wird wahrscheinlich wehtun. Besser ist eine Einschränkung auf 180°, weil die „Faust“ dann noch die Möglichkeit hat, dem Schmerz zu entgehen.

Bei den in **Bild 4.21** und **Bild 4.22** gezeigten Lösungen wird zudem keiner auf die Idee kommen, seine Jacke oder gar Handtasche aufzuhängen: zu wenig Platz zwischen Schutzkragen und Not-Halt-Betätiger.

Bild 4.23 zeigt die typische Betätigung eines Not-Halt-Befehlsgeräts mit einem 180°-Schutzkragen. In **Bild 4.24** sind weitere Betätigungsmöglichkeiten dargestellt.

Grundsätzlich bietet also ein 180°-Schutzkragen die meisten „ungefährlichen“ Betätigungsmöglichkeiten. Eine solche Lösung reicht aus, um das ungewollte Betätigen des Not-Halt-Befehlsgeräts, und somit das ungewollte Auslösen einer Not-Halt-Funktion, zu verhindern.

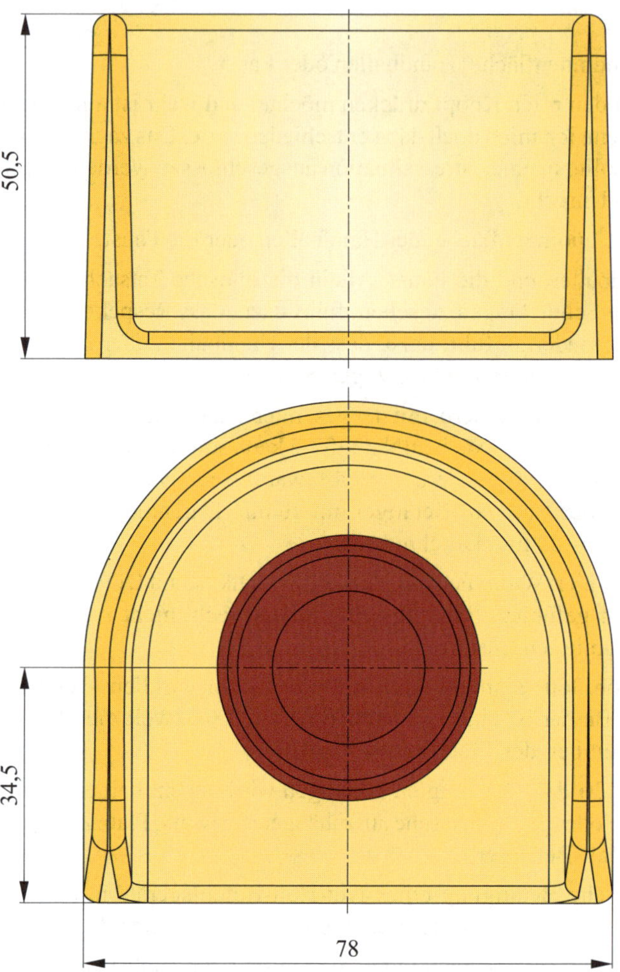

Bild 4.21 Typische Maße bei einem Schutzkragen mit 180°
(Quelle: Siemens AG)

Bild 4.22 Not-Halt-Befehlsgerät mit 180°-Schutzkragen (Quelle: Siemens AG)

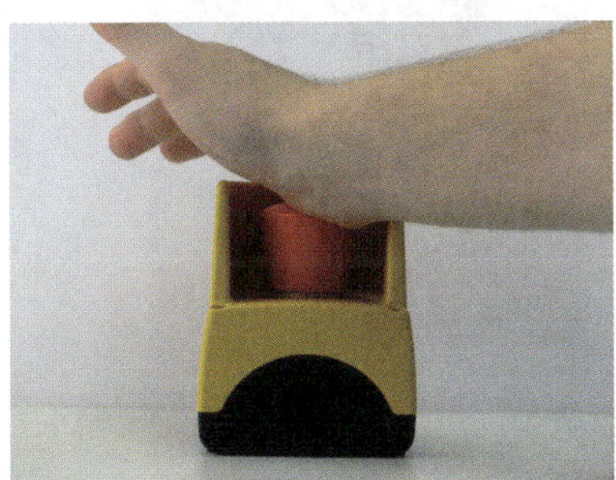

Bild 4.23 Typische Betätigung eines Not-Halt-Befehlsgeräts mit 180°-Schutzkragen

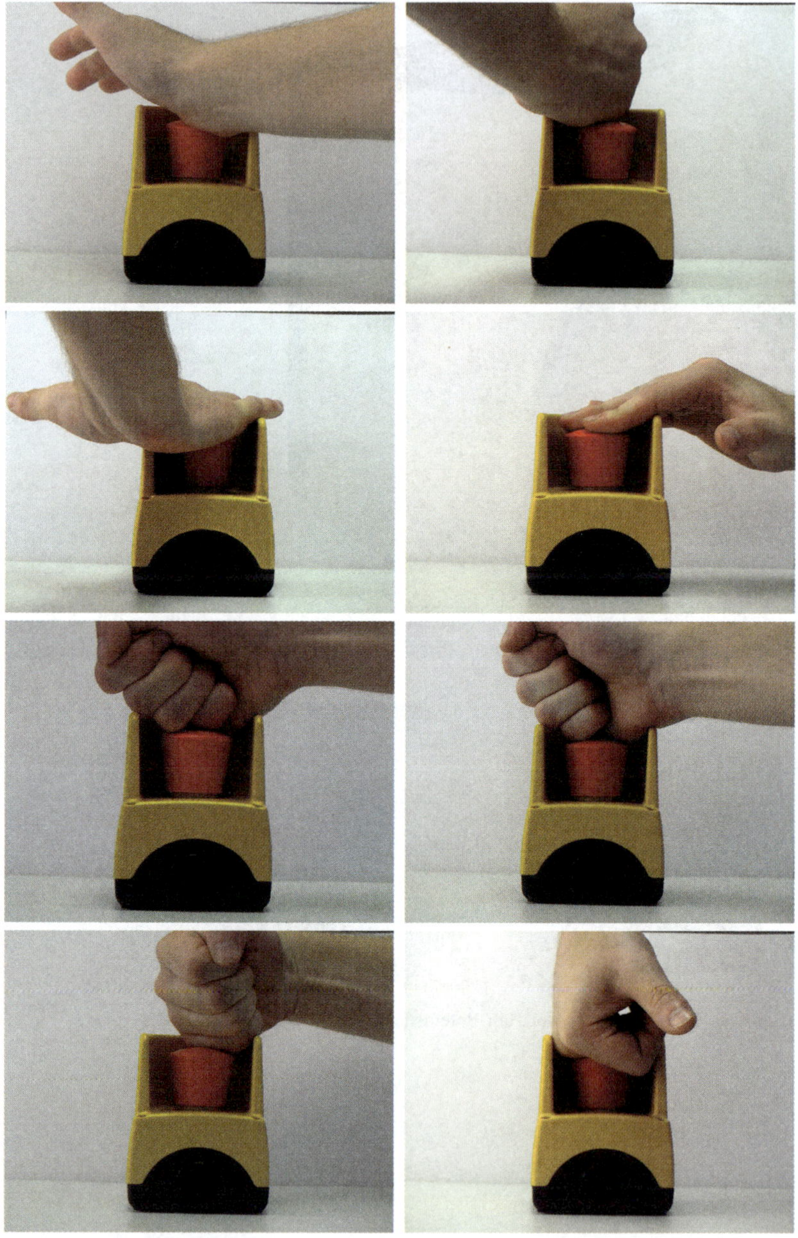

Bild 4.24 Betätigungsmöglichkeiten eines Not-Halt-Befehlsgeräts mit 180°-Schutzkragen

4.4 Eigenheiten des roten Not-Halt-Betätigers

4.4.1 Die scharfen Pfeile auf dem Not-Halt-Betätiger – warum nur?

Drehen oder Drücken?

Es gab schon den seltsamen Fall im industriellen Umfeld, dass ein Bediener nicht gedrückt, sondern verzweifelt an dem Not-Halt-Betätiger gedreht hat. Gegen den Uhrzeigersinn natürlich.

DIN EN ISO 13850 wurde deshalb erstmals eine Formulierung aufgenommen, die dem Einhalt gebieten wird.

Auszug aus DIN EN ISO 13850:2016-05, Abschnitt 4.3.7

Weder der Betätiger noch der Hintergrund des Betätigers sollten mit einem Text oder Symbol gekennzeichnet sein. Dort, wo ein Symbol zur Klarstellung notwendig ist, muss das Symbol IEC 60417-DB – 5638 verwendet werden.

Falls es erforderlich ist, die Richtung der Entriegelung des Betätigers (Taster) zu kennzeichnen, dann muss diese Kennzeichnung die gleiche oder nahezu die gleiche Farbe wie der Betätiger haben, s. a. DIN EN 60947-5-5 (**VDE 0660-210**).

Anmerkung: Die Kennzeichnung der Entriegelung (d. h. Pfeile) könnte als Richtung der Betätigung missverstanden werden.

Hintergrund

Es ist fahrlässig, ein Not-Halt-Befehlsgerät in eine Maschine zu integrieren, das weiße Pfeile auf der Schlagfläche zeigt! Denken wir immer an den Bediener, der im Stress ist und dann auch noch über diese weißen Pfeile nachdenken soll.

Hinweis zu heutigen Lösungen:

Weder die Produktnorm DIN EN 60947-5-5 (**VDE 0660-210**) noch die DIN EN ISO 13850 machen heute zu der farblichen Kennzeichnung der Not-Halt-Befehlsgeräte eine Aussage.

Somit sind Lösungen mit „weißen Pfeilen“ heute nicht unzulässig!

Sogenannte tragbare Bedienstellen oder mobile Panels werden nur von Fachpersonal verwendet, das entsprechend eingewiesen wurde. Hier stellt sich die Frage einer Fehlinterpretation einer solchen Kennzeichnung gar nicht, und aus diesem Grund wurden diese Bedienstellen von einer Benannten Stelle (z. B. Berufsgenossenschaft oder TÜV) zu Recht für gut befunden.

Auch mit der Überarbeitung der DIN EN ISO 13850, ist diese Art der Kennzeichnung nicht mehr erlaubt. Heutige, in der Praxis eingesetzte Lösungen haben weiterhin ihre Gültigkeit.

Genau wie es bei Maschinen der Fall ist, die keine CE-Kennzeichnung haben, weil sie zu einem Zeitpunkt in Verkehr gebracht wurden, als es noch keine Maschinenrichtlinie gab.

Bild 4.25 zeigt eine Pfeilkennzeichnung auf einem Not-Halt-Befehlsgerät, **Bild 4.26** zeigt eine künftig nicht mehr zulässige Kennzeichnung mittels weißen Pfeilen.

Bild 4.25 Pfeile, die nicht wehtun – Not-Halt-Befehlsgeräte (Quelle: Siemens AG)

Bild 4.26 Zukünftig nicht mehr zugelassen: Kennzeichnung mit weißen Pfeilen

4.4.2 Der Schlüssel und das Geheimnis des Abschließens

Nicht jeder mag sie. Aber es gibt sie doch, diese heimlichen Schlüssel.

Die Praxis belehrt uns eines Besseren. Die Augen davor zu verschließen, ist nicht der klügste Ansatz. Stellen wir uns einfach dieser realen Notwendigkeit.

Wenn ein Not-Halt betätigt wurde, dann möchten manche Betreiber einer Maschine diesen Zustand aufrechterhalten. Gemeint ist die Tatsache, dass eine manuelle Rückstellung durch den Verursacher, das Bedienpersonal also, nicht möglich sein soll.

Der Hintergrund dieser Anforderung ist verständlich: Da es sich hier um einen Not-Halt handelt, soll auch nur geschultes Personal diese Situation bewerten dürfen. Der Not-Halt wird als gravierender Eingriff in den betrieblichen Ablauf gesehen und soll auch entsprechend geahndet werden.

Es kann aber dabei zu einer gefährlichen Situation kommen: Der Schlüssel, der zur manuellen Rückstellung notwendig ist, wird schlichtweg vergessen und verharrt auf der „Schlagfläche“ des Not-Halt-Befehlsgeräts.

Diese Gefahr bringende Situation soll vermieden werden.

Deshalb hat DIN EN ISO 13850 hierzu eindeutige Anforderungen.

Auszug aus DIN EN ISO 13850:2016-05, Abschnitt 4.3.6

Der Betätiger des Not-Halt-Geräts muss rot sein. Soweit ein Hintergrund hinter dem Betätiger vorhanden, und soweit es durchführbar ist, muss dieser gelb sein.

Not-Halt-Geräte müssen so konzipiert und montiert sein, dass die Betätigung nicht auf einfache Art und Weise mit einfachen Mitteln verhindert werden kann.

Anmerkung: Dies kann passieren, wenn Gegenstände hinter die Betätigungsfläche fallen oder wenn eine Absicht des Umgehens vorhanden ist.

Not-Halt-Geräte, die einen Schlüssel zum Rückstellen (Entriegeln) im Betätiger benötigen, sollten vermieden werden.

Wenn ein Not-Halt-Gerät nur mit einem Schlüssel rückgestellt werden kann, dann muss die Bedienungsanleitung der Maschine die korrekte Verwendung der Schlüssel beschreiben und einen Warnhinweis beinhalten, dass der Schlüssel nur während des Entriegelns in dem Betätiger befinden sollte (um Verletzungen der Hände zu vermeiden).

Der Maschinenhersteller, mit dem Betreiber der Maschine gemeinsam, hat ab sofort die Verantwortung, sich mit diesem Thema auseinanderzusetzen.

Nur wer darüber redet, hat auch die Chance, das Bewusstsein zu verändern.

Bild 4.27 Ein Schlüssel darf sein (Quelle: Siemens AG)

4.5 Warum dürfen sich andere Geräte nicht Not-Halt nennen?

Es gibt sie, diese Anwendungen, bei denen der Bediener andere Möglichkeiten haben muss, um eine Gefahr abzuwenden. Und doch dürfen diese Lösungen nicht in den Kreis der Not-Halt-Funktionen aufgenommen werden.

Der Not-Halt muss durch eine bewusste Handlung ausgelöst werden: darum die Signalfarbe Rot.

Dieses Bild „ich drücke auf etwas Rotes“ soll nicht verwässert werden.

Man stelle sich folgende Situation vor:

Sie sind am Flughafen. Ein Brandalarm wird ausgelöst. Sie rennen zu den Schildern, die mit Exit gekennzeichnet sind (grün übrigens). Am besten ist noch eine laufende Person auf diesem Schild dargestellt. Würden Sie dann in einen Raum flüchten, der im Falle eines Feuers passiv belüftet und sogar brandgeschützt ist, nur weil dort Exit steht? Nein, Sie würden die Welt nicht mehr verstehen, ins Grübeln kommen und anschließend erst recht in Panik geraten.

Genauso ist das mit dem Not-Halt: Es ist schwierig genug, den Mut aufzubringen, auf diesen roten Knopf zu drücken, wenn eine reale Gefahr droht.

Die Maschinenrichtlinie als auch DIN EN ISO 13850 reden deshalb immer wieder von einer bewussten Handlung und einem Abschaltbefehl, der durch eine Person ausgelöst werden muss.

Man möchte diese Situation nicht zu einer betriebsbedingten Handlung degradieren, sondern ihren Sonderstatus immer hervorheben.

Und doch gibt es diese Sonderfälle im industriellen Umfeld, die nachdenklich machen.

Beispiele

Ein fahrerloses Transportsystem droht jemanden zu überrollen. Wäre der bereits installierte Laserscanner auf diesem fahrerlosen Transportsystem nicht prädestiniert, einen Not-Halt auszulösen, weil das nächste Not-Halt-Befehlsgerät 3 m weiter weg ist?

Oder ein Bediener hält ein Werkstück in beiden Händen und unterbricht einen Lichtvorhang, weil er möchte, dass ein Roboter anhalten soll, weil dieser sich bedrohlich auf ihn zu bewegt.

Das sind Situationen, die diese Geräte Not-Halt-tauglich machen. Mehr aber leider auch nicht.

Denn es gibt Abhilfe: Warum diese intelligenten Geräte nicht einfach in die Not-Halt-Funktion mit einbinden? Und das, ohne sie rot anzumalen? Niemand hindert uns daran.

Des Weiteren ist es einem Bediener einer Maschine nicht vermittelbar, dass er einerseits nur im Notfall den roten Knopf drücken soll und es andererseits betriebsbedingt ausreichend ist, den Arm zu heben und einen Not-Halt auszulösen – so als wäre es ein normaler Stopp der Maschine.

Das Bewusstsein für den Notfall würde abhandenkommen, und im Ernstfall würde der Bediener darüber nachdenken, was er nun tun muss: den Arm heben oder aber doch den roten Knopf drücken? Das nennen wir eine verkehrte Welt: den Not-Halt ad absurdum führen.

Nur deshalb wird dem Not-Halt eine so große Bedeutung beigemessen!

Das sollten wir respektieren und auch vehement verteidigen. Denn nichts ist schlimmer als die Verwirrung im Ernstfall: Wenn Exit nicht mehr Exit ist, dann nimmt das Drama seinen Lauf.

4.6 Zweihandschaltung nie ohne ein Not-Halt-Befehlsgerät

Die Produktnorm DIN EN 574 [31] beschreibt die Anforderungen an Zweihandschaltungen:

Eine Einrichtung, die mindestens die gleichzeitige Betätigung (in der Regel < 0,5 s) durch beide Hände erfordert, um den Betrieb einer Maschine einzuleiten und aufrechtzuerhalten, solange eine Gefährdung besteht, um auf diese Weise eine Maßnahme zum Schutz nur der betätigenden Person zu erreichen.

Anmerkung:

Zum Auslösen des gefährlichen Arbeitsgangs müssen die beiden Bedienteile (Zweihandtaster) gleichzeitig betätigt werden. Bei Loslassen auch nur eines der beiden Bedienteile während der gefährlichen Bewegung wird die Freigabe aufgehoben. Die Fortsetzung des gefährlichen Arbeitsgangs kann erst wieder eingeleitet werden, wenn beide Bedienteile in ihre Ausgangslage zurückgekehrt sind und erneut betätigt werden.

Neben den Zweihandtastern muss immer ein Not-Halt-Befehlsgerät auf der Zweihandschaltung vorhanden sein (**Bild 4.28**).

Bild 4.28 Zweihandbedienpult
(Quelle: Siemens AG)

4.7 Der Seilzugschalter

Nicht drücken, sondern ziehen. Auch das ist erlaubt.

Bleiben wir bei der Förderstrecke von 200 m. Würden wir alle 10 m einen Not-Halt installieren, dann kommen wir auf 20 Stück. Optisch gibt das schon etwas her, aber sinnvoll erscheint das nicht mehr.

DIN EN ISO 13850 bietet für solche Fälle zu Recht eine andere Lösung an: ein Seil.

Auszug aus DIN EN ISO 13850:2016-05, Abschnitt 4.4 „Verwendung von Drähten und Seilen als Stellteile"

4.4.1 Wenn Drähte und Seile als Betätiger für Not-Halt-Geräte verwendet werden, so müssen sie so konzipiert und angebracht sein, dass sie leicht zu betätigen sind. Für diesen Zweck muss beachtet werden:

- *der Betrag der erforderlichen Auslenkung zur Erzeugung des Not-Halt Kommandos,*
- *die max. mögliche Auslenkung,*
- *der geringste Abstand zwischen dem Draht oder dem Seil und dem nächsten Gegenstand in der Umgebung,*
- *Sichtbarmachen von Drähten oder Seilen (z. B. Einsatz von Markierungsfahnen) und*
- *die auf den Draht oder das Seil zur Betätigung des Steuergeräts aufzubringende Kraft und ihre Richtung.*

Die Farbe der Seile und Drähte muss rot sein.

Wenn Markierungsfahnen zur besseren Erkennung von Drähten oder Seilen verwendet werden, dann müssen diese rot und gelbfarbig sein (z. B. rot und gelb schraffiert oder alternierend rot und gelb).

Anmerkung 1: Siehe auch DIN EN 60947-5-5 (VDE 0660-210).

Wenn zu erwarten ist, dass die Betätigung durch Ziehen des Seils in seine axiale Richtung erfolgt, muss das Ziehen des Seils in seine axiale Richtung den Not-Halt-Befehl auslösen.

Anmerkung 2: Die Verwendung des Bilds 2 (in der Norm) könnte für die Erkennung der Markierungsfahnen hilfreich sein.

Und jetzt geht das Diskutieren los: Welche Farbe darf es denn sein?

Ein rotes Seil wird in einer rauen Umgebung nicht gut erkennbar sein. Deshalb empfiehlt DIN EN ISO 13850, aus verständlichen Gründen, sogenannte „Markierungsfahnen“.

Gemeint ist eine Art „Wimpel“, der offensichtlich ins Auge fällt, wie beispielsweise in **Bild 4.29** abgebildet.

Bild 4.29 Beispiele einer Markierungsfahne für einen Seilzugschalter

Anforderungen an Seilzugschalter oder Reißleinenschalter – das Seil muss unter Spannung stehen

Neben den „pilzförmigen“ roten Betätigungseinrichtungen dürfen auch Seilzugschalter verwendet werden (**Bild 4.30**). Doch bei Verwendung eines Seilzugschalters für den Not-Halt gelten zusätzliche Anforderungen. DIN EN 60947-5-5 (**VDE 0660-210**) und DIN EN ISO 13850 enthalten dazu folgende besondere Anforderungen (gelten jedoch eigentlich nur für Not-Halt-Befehlsgeräte):

- Zugdrähte oder Zugseile müssen leicht zu betätigen sein, dabei müssen folgende Regeln beachtet werden:
  - die erforderliche Auslenkung zur Erzeugung des Not-Aus-Kommandos,
  - die Auslenkung von max. 400 mm,
  - der Abstand zwischen Draht oder Seil zum nächsten Gegenstand,
  - Sichtbarkeit des Drahts oder Seils, z. B. durch Markierungsfahnen,
  - die aufzubringende Kraft (max. 200 N) und ihre Richtung,
  - Berücksichtigung von Veränderungen durch Temperatur und Alterung;
- der Bruch des Drahts oder Seils muss zur Auslösung eines Not-Aus-Befehls führen,
- bei der Justierung des Zugdrahts oder Zugseils darf keine Fehlfunktion ausgelöst werden,
- wenn der Bruch des Drahts oder des Seils zu einer Gefährdung führt, müssen hierfür Maßnahmen vorgesehen werden.

Übrigens, in DIN EN 60204-1 (**VDE 0113-1**), in der die Anforderungen für elektrische Ausrüstungen von Maschinen festgelegt sind, wird dieser Seilzugschalter für den Not-Halt als Reißleinenschalter bezeichnet. Irgendwann werden auch in den unterschiedlichen Normen die gleichen „genormten Begriffe" verwendet.

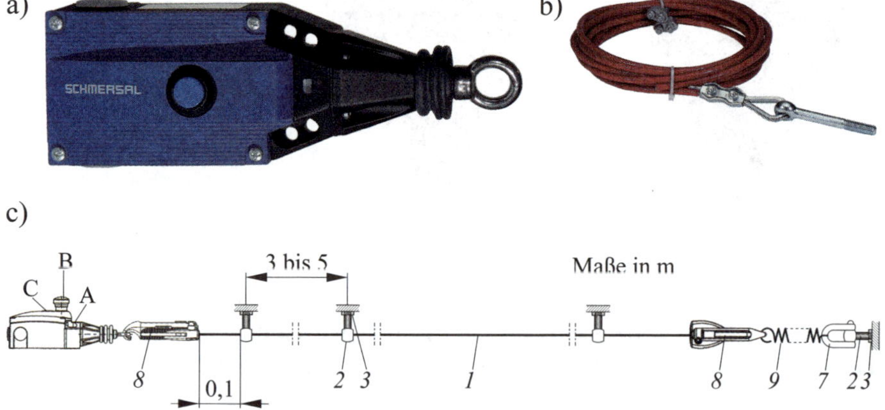

Bild 4.30 Beispiele Seilzugschalter und ein entsprechendes Seil (Quelle: K. A. Schmersal GmbH & Co. KG, Wuppertal)

4.8 Der Fußschalter, wenn keine Hände mehr frei sind

Auch Füße können einen Not-Halt auslösen.

Auszug aus DIN EN 60947-5-5 (VDE 0660-210):2017-08, Abschnitt 6.5

6.5 Zusätzliche Anforderungen für Fußschalter

Ein Not-Halt-Gerät als Fußschalter darf **keine Abdeckung** haben.

Die Prüfung muss nach DIN EN 60947-5-5 (VDE 0660-210):2017-08, Abschnitt 7.2.1 durchgeführt werden.

Nachfolgende Fußtaster und Fußschalter sind nicht als Not-Halt-Befehlsgerät erlaubt!

Es gibt Standardschalter als Fußtaster: Taster heißt, dass eine Verrastung gemäß DIN EN ISO 13850 und DIN EN 60947-5-5 (**VDE 0660-210**) realisiert wurde (**Bild 4.31**).

Im Gegensatz zu den Fußtastern gibt es noch sogenannte „Sicherheits-Fußschalter".

Sicherheits-Fußschalter werden an Maschinen und Anlagen, z. B. als Zustimmungsschalter, eingesetzt, wenn eine Betätigung von Hand nicht möglich ist. Die Schalter haben zwar eine Verriegelung nach DIN EN ISO 13850, jedoch können diese auch nicht als Not-Halt-Befehlsgerät verwendet werden (Schutzhaube).

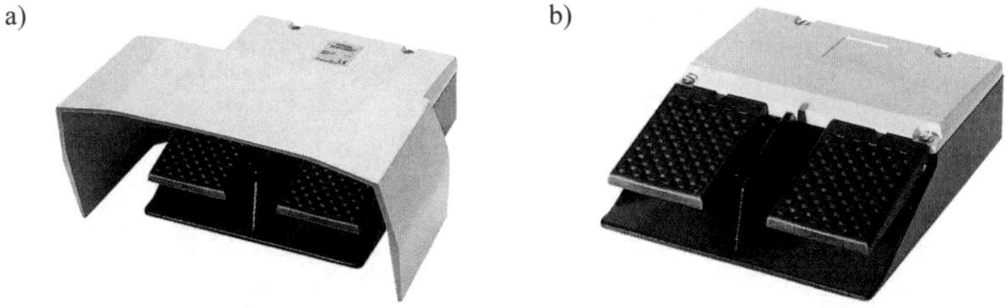

Bild 4.31 Standardschalter, Fußtaster zweipedalig – a) mit und b) ohne Schutzhaube (Quelle: Siemens AG)

Ein Sicherheits-Fußschalter ist mit einer Schutzhaube gegen unbeabsichtigtes Betätigen, also unbeabsichtigtes Starten einer Gefahr bringenden Bewegung, geschützt.

Wird das Pedal im Gefahrenfall über den Widerstand des Druckpunkts hinaus betätigt, werden die zwangsöffnenden Kontakte geöffnet. Gleichzeitig tritt die selbstständige

Rastung in Kraft und hält die Kontakte in geöffneter Stellung: Hierdurch wird ein unkontrolliertes Weiterlaufen oder ein neuer Start beweglicher Maschinenteile verhindert.

Nach Beseitigung der Gefahr ist ein Wiederanlauf der Maschine erst nach einer manuellen Entriegelung über einen Drucktaster an der Oberseite des Gehäuses möglich (**Bild 4.32** und **Bild 4.33**).

Deshalb wird in der Praxis, zusätzlich zu diesen Fußschaltern, dem Anwender ein Not-Halt-Befehlsgerät zur Verfügung gestellt – **Bild 4.34** zeigt zwei Beispiele.

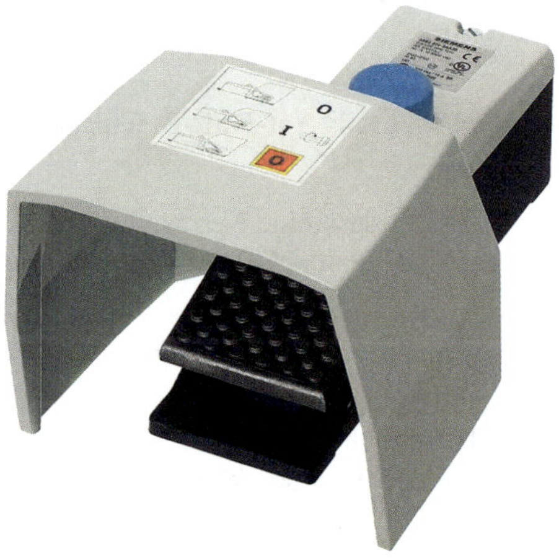

Bild 4.32 Einpedaliger Sicherheits-Fußschalter (Quelle: Siemens AG)

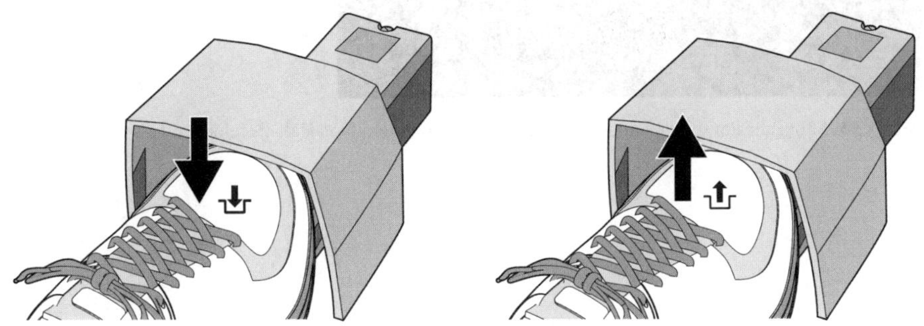

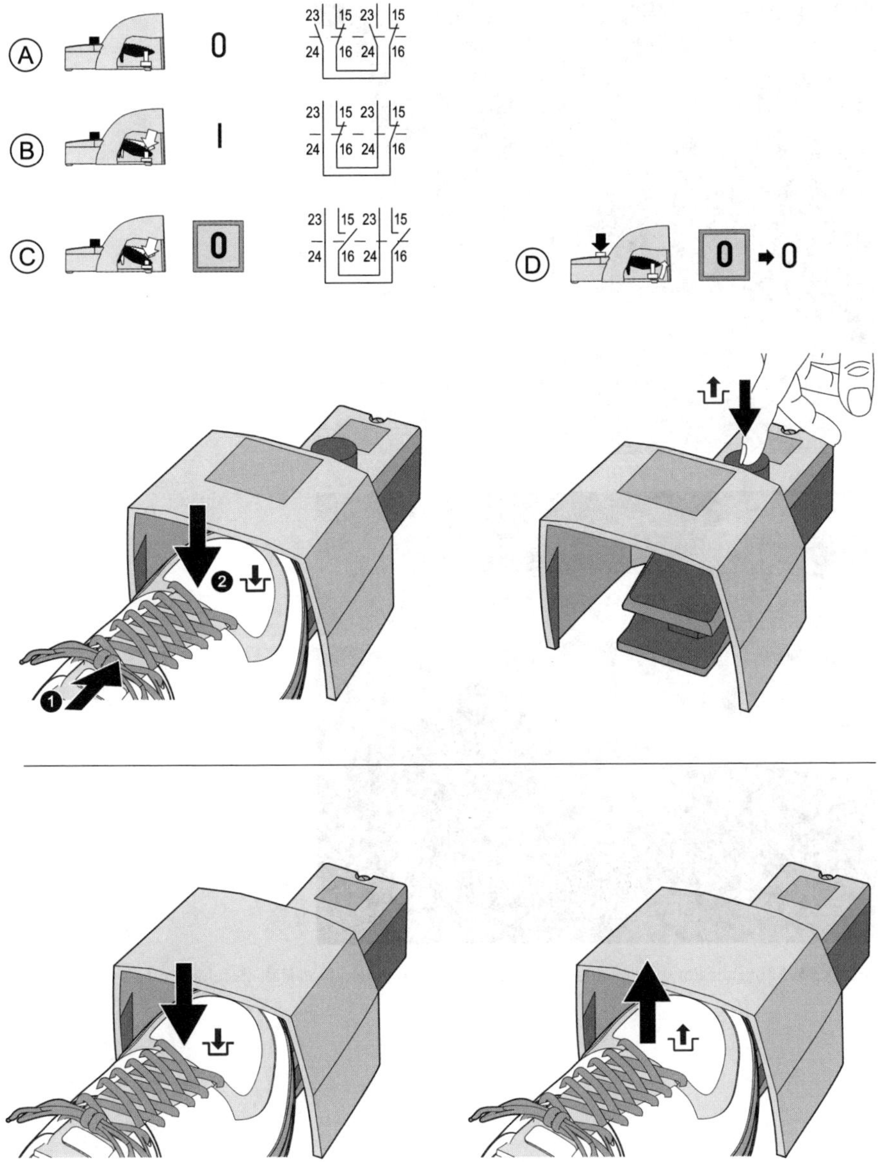

Bild 4.33 Auszug aus der Bedienungsanleitung des Fußschalters
(Quelle: Siemens AG)

Bild 4.34 Fußtaster und Fußschalter in Kombination mit einem Not-Halt-Befehlsgerät

4.9 Not-Befehlsgeräte – ein Sicherheitsbauteil?

Sinn oder Unsinn? Wird eine Maschine dadurch sicherer? Nein.

Die Diskussion um das Thema Sicherheitsbauteil ja/nein wird vornehmlich in Deutschland geführt. Die internationale Gemeinschaft sieht dieses Thema dagegen recht gelassen. Warum?

Wenn man sich vor Augen führt, dass für ein Sicherheitsbauteil dieselben Produktnormen gelten wie für ein nicht als Sicherheitsbauteil erklärtes Teil, dann verwundert die ausländische Haltung nicht.

Grundsätzlich gilt, dass ein Not-Halt-Befehlsgerät, das in Deutschland in Verkehr gebracht wird, dann als ein Sicherheitsbauteil angesehen wird, wenn es mit einer Bestellnummer bei dem Hersteller dieses Not-Halt-Befehlsgeräts bestellt werden kann.

Darunter sind sogenannte Einheiten im Sinne einer „Kapselung“ zu sehen.

Not-Halt-Befehlsgeräte, die in einen Schaltschrank oder eine Bedienstelle verbaut werden, gelten nicht als Sicherheitsbauteil.

5 Not-Aus – nur in besonderen Fällen

5.1 Das Grundsätzliche

Not-Aus-Einrichtungen werden als ergänzende Schutzmaßnahme nur für Sonderfälle benötigt. Solche Sonderfälle treten nur dann auf, wenn die Gefahr eines elektrischen Schlags durch Unaufmerksamkeit oder durch eine unbeabsichtigte Berührung von spannungsführenden Teilen möglich ist. Doch wie soll so etwas möglich sein? Alle elektrischen Anlagen müssen doch so errichtet werden, dass die Gefahr eines elektrischen Schlags nicht möglich ist.

Es gibt Anwendungsfälle, bei denen der Basisschutz gegen elektrischen Schlag nur durch eine einfache Schutzvorkehrung, z. B. „Schutz durch Hindernis" oder „Schutz durch Anordnung außerhalb des Handbereichs" (durch Abstand), gewährleistet wird. Solche Schutzvorkehrungen können leicht überwunden werden. Deshalb dürfen auch nur Elektrofachkräfte oder elektrotechnisch unterwiesene Personen Zutritt zu solchen elektrischen Anlagen haben.

Warum so ein einfacher Schutz gegen elektrischen Schlag?

Elektrische Betriebsmittel, insbesondere Schutzeinrichtungen mit einem automatischen Auslöser oder elektrotechnische Betriebsmittel mit einem Einstellorgan, müssen manchmal während des Betriebs der elektrischen Anlage von einer Elektrofachkraft oder elektrotechnisch unterwiesenen Person bedient werden können. Der Zugang zu solchen Betriebsmitteln muss dabei ohne Demontage von Abdeckungen für die Bedienung und für Messungen an den Anschlussklemmen für eine Fehlersuche möglich sein.

Doch was soll ein Not-Aus bewirken?

Falls in solchen besonderen Anwendungsfällen eine Elektrofachkraft oder elektrotechnisch unterwiesene Person trotzdem ein aktives Teil berühren und sich infolge einer Muskelverkrampfung davon selbst nicht mehr lösen kann, wird eine Abschaltung der Stromversorgung für eine Bergung durch eine andere Person benötigt. Dafür ist eine Not-Aus-Einrichtung erforderlich.

Wird ein Not-Aus-Befehlsgerät betätigt, muss die Energiezufuhr unterbrochen werden. Hierfür sind Leistungsschalter die geeignetste Lösung. Schütze sind zukünftig nicht mehr erlaubt.

Doch bevor auf die Details von Not-Aus-Befehlsgeräten und die Abschaltung der Stromversorgung eingegangen wird, sollte zuerst die Wirkung des Stroms auf den menschlichen Körper betrachtet werden.

5.2 Die Wirkung des Stroms auf den menschlichen Körper

Die Notwendigkeit einer Not-Aus-Einrichtung kann nur erkannt werden, wenn vorher die Grundlagen des elektrischen Schlags und die erforderlichen Schutzmaßnahmen zum Schutz gegen elektrischen Schlag betrachtet wurden. Nur dann kann auch die Sinnhaftigkeit einer Not-Aus-Einrichtung beurteilt werden.

Bei der Betrachtung der Wirkung des Stroms auf den menschlichen Körper fällt auf, dass ab einer bestimmten Stromstärke, die durch den Menschen fließt, eine Muskelverkrampfung eintritt. Tritt die Muskelverkrampfung ein, kann die betroffene Person sich von dem umfassten Teil selbst nicht mehr lösen.

DIN EN 61140 (**VDE 0140-1**) beschreibt die Steigerung der Wirkung einer elektrischen Körperdurchströmung in Abhängigkeit der Stromstärke wie folgt:

- Wahrnehmung,
- **Muskelverkrampfungen**,
- Schwierigkeiten bei der Atmung,
- Störung der Herzfunktionen,
- Bewegungsunfähigkeit,
- Herzstillstand,
- Atmungsstillstand,
- Verbrennungen oder
- Zerstörung des Zellgewebes.

Tabelle 5.1 beschreibt die Wirkungen des Stroms in Abhängigkeit der Stromhöhe. Dass die Auswirkungen zeitlich nicht linear sind, zeigt **Bild 5.1** in Abhängigkeit der Durchströmungsdauer. Ab dem Bereich AC-3 können starke Muskelkontraktionen (Verkürzungen des Muskels) auftreten.

Die Höhe des elektrischen Stroms und die damit verbundene Wirkung beim Menschen sind abhängig von folgenden Faktoren:

- Höhe der Spannung,
- Impedanz der Fehlerschleife (einschließlich der betroffenen Person),
- Umgebungsbedingungen (trocken, feucht, nass),
- Größe der Berührungsfläche,
- Stromart (AC oder DC),
- System nach Art der Erdverbindungen (TN,- TT-System).

Bereiche	Grenzen	Physiologische Wirkung
AC-1	bis 0,5 mA Grenzlinie a	Wahrnehmung möglich, aber im Allgemeinen keine Schreckreaktionen
AC-2	über 0,5 mA bis Grenzlinie b	Wahrnehmung und unwillkürliche Muskelkontraktionen wahrscheinlich, aber im Allgemeinen keine schädlichen physiologischen Wirkungen
AC-3	Grenzlinie b bis Grenzlinie c_1	starke unwillkürliche Muskelkontraktionen; Schwierigkeiten beim Atmen; reversible Störungen der Herzfunktion; Muskelverkrampfung kann auftreten; Wirkung zunehmend mit Stromstärke und Durchströmungsdauer; im Allgemeinen ist kein organischer Schaden zu erwarten
AC-4	über der Grenzlinie c_1	es können pathologische Wirkungen auftreten, wie Herzstillstand, Atemstillstand und Verbrennungen oder andere Zellschäden; Wahrscheinlichkeit von Herzkammerflimmern ansteigend mit Stromstärke und Durchströmungsdauer
	$c_1 - c_2$	Wahrscheinlichkeit von Herzkammerflimmern ansteigend bis etwa 5 %
	$c_2 - c_3$	Wahrscheinlichkeit von Herzkammerflimmern ansteigend bis etwa 50 %
	über der Grenzlinie c_3	Wahrscheinlichkeit von Herzkammerflimmern ansteigend über 50 %

Tabelle 5.1 Grenzwerte bei Wechselstrom und deren Wirkung
(Quelle: DIN IEC/TS 60479-1 (**VDE V 0140-479-1**):2007-05, Tabelle 11)

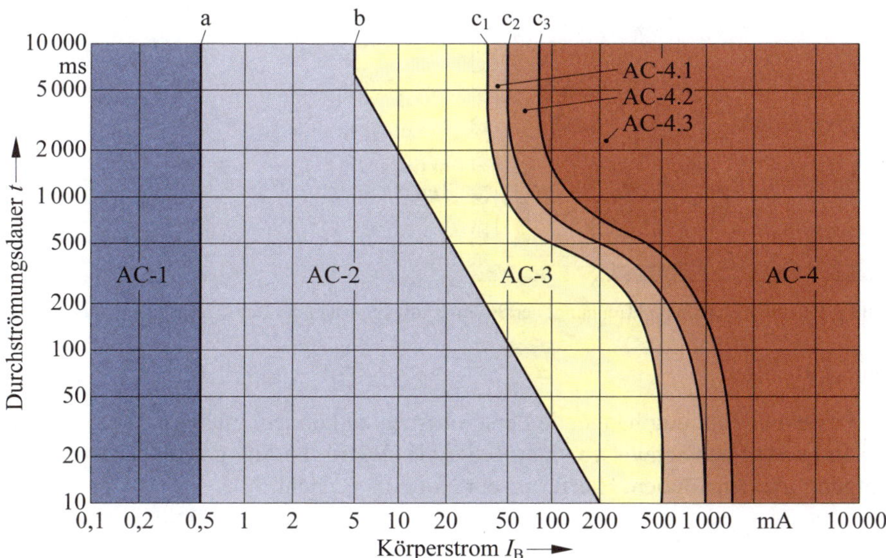

Bild 5.1 Grenzbereiche bei Wechselstrom (15 Hz bis 100 Hz)
(Quelle: DIN IEC/TS 60479-1 (**VDE V 0140-479-1**):2007-05, Bild 20)

Muskelverkrampfung

Die Muskelverkrampfung ist eine Kontraktion, bei der sich die Muskeln ab einem bestimmten Stromdurchfluss zusammenziehen. Wird ein aktives Teil von einer Person umfasst, kann sie die Hand nicht mehr öffnen.

Berührungsstrom

Die Muskelverkrampfung kann bereits bei einem Berührungsstrom von 10 mA auftreten. Bei einer Drehstromversorgung von 400 V beträgt die Berührungsspannung in einem TN-System 115 V. Bei einer Körperimpedanz einschließlich Übergangswiderstände von 1 kΩ, fließt ein Berührungsstrom von 115 mA durch den menschlichen Körper. Dies bedeutet, dass der Berührungsstrom den Grenzbereich AC-3 erreicht. Nach weniger als 500 ms wird der AC-4-Bereich erreicht, in dem das Herzkammerflimmern auftritt und der Tod wahrscheinlich wird.

Bergen einer Person

Wird eine an Spannung hängende Person ohne Abschaltung der Stromversorgung geborgen, erleidet der Retter das gleiche Schicksal, siehe **Bild 5.2**.

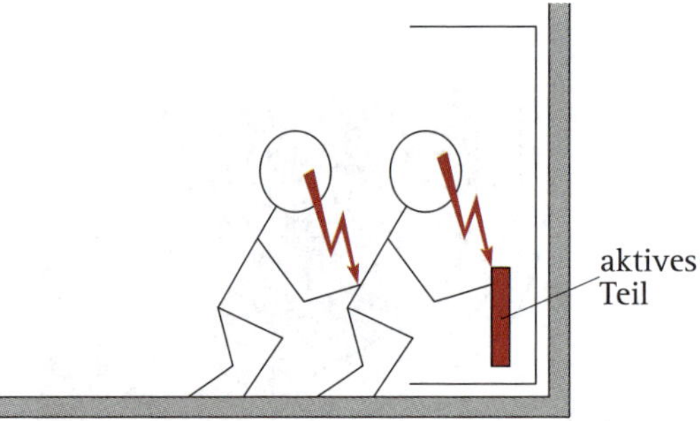

Bild 5.2 Ohne Abschaltung (Trennung) der Stromversorgung hängt der Retter auch „an Spannung"

Not-Aus

Um eine an Spannung hängende Person bergen zu können, muss vorher – unkompliziert und ohne Fachwissen – der Retter die elektrische Anlage von der Stromversorgung trennen können. Hierfür ist der Not-Aus gedacht.

5.3 Die Schutzmaßnahmen gegen den elektrischen Schlag

Zur Verhinderung eines elektrischen Schlags müssen grundsätzlich Schutzmaßnahmen vorgesehen werden, siehe **Bild 5.3**. Dafür sind immer ein Basisschutz und ein Fehlerschutz erforderlich. In elektrischen Betriebsstätten, zu denen nur bestimmte Personen Zugang haben dürfen, darf als Basisschutz die Schutzvorkehrung „Schutz durch Hindernis" oder „Schutz durch Anordnung außerhalb des Handbereichs" vorgesehen werden. Doch diese Schutzvorkehrungen können leicht überwunden werden, wenn man will.

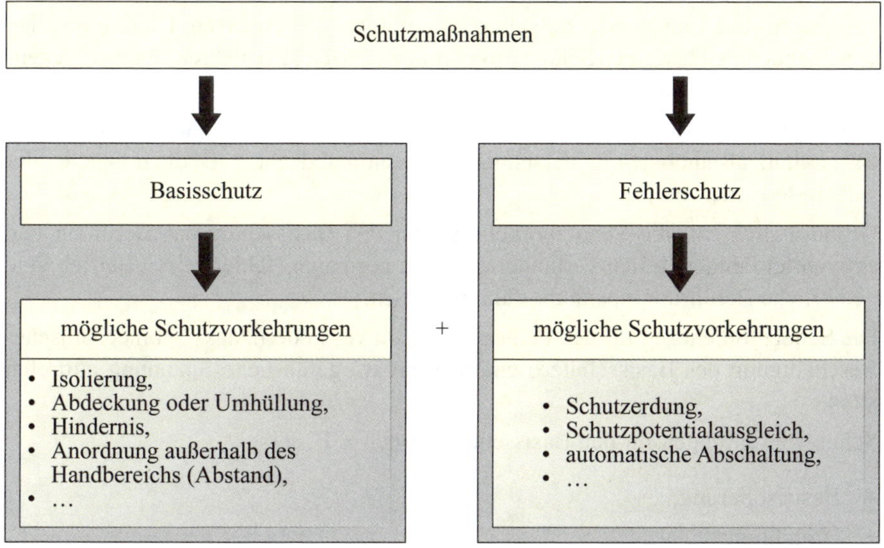

Bild 5.3 Mögliche Schutzvorkehrungen als Schutzmaßnahmen

Schutzmaßnahmen

Schutzmaßnahmen zum Schutz gegen elektrischen Schlag müssen immer zweistufig erfolgen. Die erste Stufe ist der Basisschutz und die zweite Stufe der Fehlerschutz. Für bestimmte Anwendungsfälle gibt es noch den zusätzlichen Schutz. Grundsätzlich müssen immer diese beiden Stufen erfüllt werden.

Die Schutzmaßnahme gegen elektrischen Schlag besteht also immer aus der

- Basisisolierung (Schutz gegen direktes Berühren) und dem
- Fehlerschutz (Schutz gegen indirektes Berühren).

Die Realisierung der Schutzmaßnahmen kann durch unterschiedliche Schutzvorkehrungen erfolgen.

Schutzvorkehrungen

Um einen wirksamen Schutz gegen elektrischen Schlag zu erhalten, sind somit zwei unabhängige Schutzvorkehrungen, eine für den Basisschutz und eine für den Fehlerschutz, erforderlich. Für jede Schutzmaßnahme gibt es einen Katalog von unterschiedlichen Schutzvorkehrungen, aus dem eine bestimmte Lösung ausgewählt werden kann. Doch kann eine bestimmte Schutzvorkehrung als Basisschutz nur eine bestimmte Schutzvorkehrung für den Fehlerschutz zulassen. Beide Schutzvorkehrungen sind voneinander abhängig und müssen sich ergänzen. Diese eigentlich voneinander unabhängigen Schutzvorkehrungen dürfen sich in ihrer Funktion gegenseitig nicht stören oder blockieren.

Es gibt jedoch Ausnahmen, bei denen eine geeignete Schutzvorkehrung sowohl den Basisschutz als auch den Fehlerschutz gleichzeitig abdeckt, z. B. die doppelte oder verstärkte Isolierung.

Grundsätzlich soll die Schutzvorkehrung für den Basisschutz das Berühren von aktiven leitfähigen Teilen verhindern, die im normalen (fehlerfreien) Betrieb eine gefährliche Berührungsspannung führen können.

Die Schutzvorkehrung für den Fehlerschutz soll verhindern, dass bei mechanischer Beschädigung des Basisschutzes eine berührbare gefährliche Spannung auftreten kann.

Schutzvorkehrungen für den Basisschutz können z. B. sein:

- Basisisolierung,
- Umhüllung,
- Hindernis,
- Anordnung außerhalb des Handbereichs.

Schutzvorkehrungen für den Fehlerschutz können z. B. sein:

- Schutzerdung,
- Schutzpotentialausgleich,
- automatische Abschaltung.

Die Gruppensicherheitsnorm (GSP) DIN VDE 0100-410 enthält grundsätzliche Anforderungen zum Schutz gegen elektrischen Schlag. In dieser Norm wird die Anwendung der Schutzvorkehrungen „Schutz durch Hindernis“ oder „Schutz durch

Anordnung außerhalb des Handbereichs“ als **Basisschutz** auf folgenden Anwendungsfall begrenzt.

Auszug aus DIN VDE 0100-410:2018-10, Abschnitt 410.3.5

410.3.5 Die in DIN VDE 0100-410:2018-10, Anhang B beschriebenen Schutzvorkehrungen „Schutz durch Hindernisse“ und „Schutz durch Anordnung außerhalb des Handbereichs“ dürfen nur in Anlagen angewendet werden, die nur zugänglich sind für:

- Elektrofachkräfte oder elektrotechnisch unterwiesene Personen oder
- Personen, die von Elektrofachkräften oder elektrotechnisch unterwiesenen Personen beaufsichtigt werden.

Für elektrische Betriebsstätten ist der **Fehlerschutz** nicht hilfreich. Der Fehlerschutz, z. B. Schutz durch automatische Abschaltung, hilft nicht der Person, die den „Schutz durch Hindernis“ oder „Anordnung außerhalb des Handbereichs“ überwindet und aktive Teile berührt. Bleibt eine Person mit einer Muskelverkrampfung an den spannungsführenden Teilen hängen, benötigt die zweite Person, die sie bergen will, eine Abschaltung der Stromversorgung: eine **Not-Aus-Einrichtung**.

Denn eine Person, die „an Spannung hängt“, kann/darf nur dann geborgen werden, wenn vorher die Energiezufuhr von der Berührungsstelle getrennt wurde, da sonst der Helfer selbst betroffen wäre.

5.4 Die Not-Aus-Einrichtung

Für elektrische Anlagen oder elektrische Installationen sind erst einmal keine Not-Aus-Einrichtungen erforderlich. Bei allen elektrischen Einrichtungen müssen immer die Schutzmaßnahmen, bestehend aus dem Basisschutz und dem Fehlerschutz, vorgesehen werden. Diese Schutzmaßnahmen stellen sicher, dass zu keinem Zeitpunkt und in keiner Situation die Gefahr eines elektrischen Schlags auftreten kann. Elektrische Anlagen müssen also ohne eine Not-Aus-Einrichtung sicher sein.

5.4.1 Nur eine ergänzende Schutzmaßnahme!

Auch Not-Aus-Einrichtungen dürfen nicht als Schutzmaßnahme eingeplant werden, da sie keine risikomindernde Maßnahme darstellen. In DIN EN 60204-1 (**VDE 0113-1**) steht dazu:

Auszug aus DIN EN 60204-1 (VDE 0113-1):2019-06, Abschnitt 9.2.5.4.1

Not-Halt und Not-Aus sind ergänzende Schutzmaßnahmen und keine Maßnahmen zur Reduzierung von Gefahren an der Maschine (z. B. Einziehen, Aufwickeln, elektrischer Schlag oder Brand (s. a. DIN EN ISO 12100)).

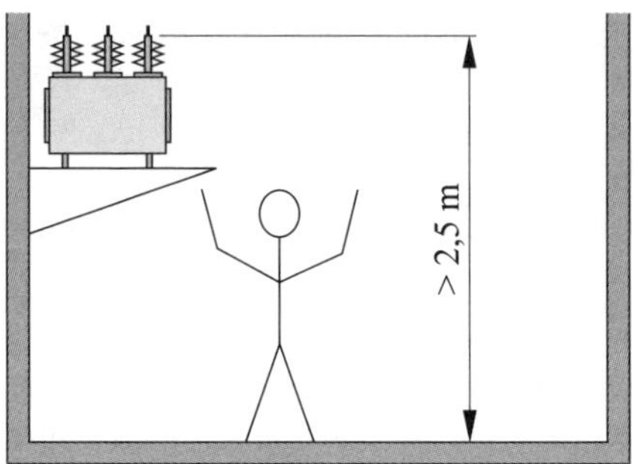

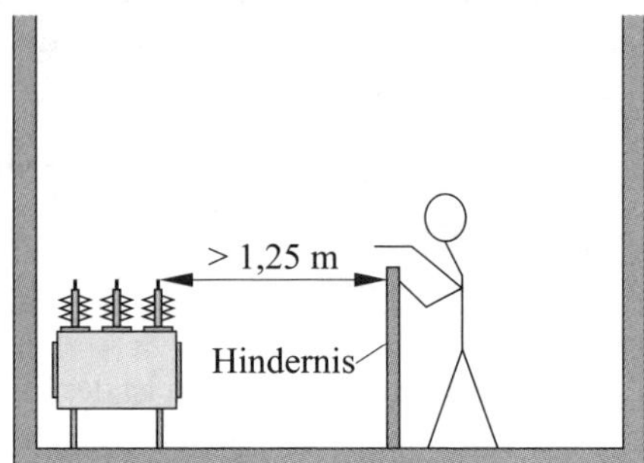

Bild 5.4 Schutz durch Abstand oder Hindernis

Eine Not-Aus-Einrichtung ist somit nur eine ergänzende Schutzmaßnahme, die beim Eintritt eines elektrischen Schlags für die Bergung notwendig ist.

In abgeschlossenen elektrischen Betriebsstätten darf also der Basisschutz entsprechend Anhang B der DIN VDE 0100-410 durch die Schutzvorkehrung „Schutz durch Hindernis" oder „Anordnung außerhalb des Handbereichs" realisiert werden, siehe **Bild 5.4**.

Solche einfachen Schutzvorkehrungen werden als Basisschutz für Laien als nicht ausreichend betrachtet, da sie als leicht überwindbar gelten, und sind deshalb nur in abgeschlossenen elektrischen Anlagen oder Räumen als Schutzvorkehrung zugelassen. In DIN VDE 0100-410 gibt es im normativen Anhang B dazu folgende Aussage:

Auszug aus DIN VDE 0100-410:2018-10, Anhang B

B.1 Anwendung

Die Schutzvorkehrungen „Schutz durch Hindernisse" und „Schutz durch Anordnung außerhalb des Handbereichs" sehen nur den Basisschutz vor. Sie sind ausschließlich zur Anwendung in Anlagen mit oder ohne Fehlerschutz vorgesehen, die nur von Elektrofachkräften oder elektrotechnisch unterwiesenen Personen betrieben und überwacht werden, z. B. in abgeschlossenen elektrischen Betriebsstätten.

5.4.2 Elektrofachkräfte müssen trotzdem geschützt werden

In elektrischen Betriebsstätten müssen für Service- und Wartungsarbeiten die inneren Betätigungseinrichtungen einer elektrischen Anlage für Elektrofachkräfte und elektrotechnisch eingewiesene Personen (auch Bediener genannt) zugänglich sein. Damit solche Personen gegen den elektrischen Schlag trotzdem geschützt sind, müssen zusätzliche Maßnahmen entsprechend DIN EN 50274 (**VDE 0660-514**) [32] vorgesehen werden. Diese Norm enthält Anforderungen für Schutzvorkehrungen, wie und in welchem Umfang spannungsführende Teile geschützt werden müssen. Diese zusätzlichen Maßnahmen gelten für eine Bemessungsspannung bis AC 1 000 V und DC 1 500 V.

Zu schützender Bereich

Der zu schützende Bereich zum Schutz gegen unbeabsichtigtes Berühren von aktiven Teilen in einem Schaltschrank ist abhängig von der Position des betreffenden elektrischen Betriebsmittels im Schaltschrank. Der Bewegungsraum des Bedieners zu diesem Betriebsmittel bestimmt den Korridor, in dem eine Schutzvorkehrung erforderlich ist, siehe **Bild 5.5**.

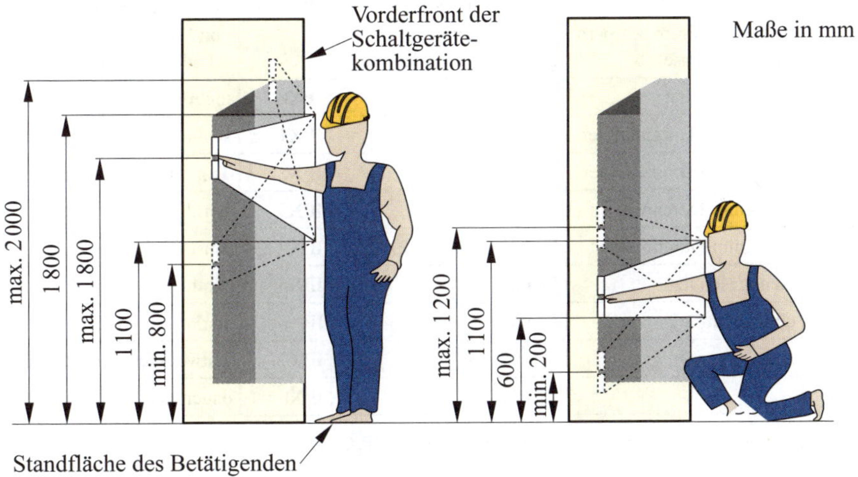

Bild 5.5 Bereiche der Handrücken- und Fingersicherheit in Abhängigkeit der Körperhaltung (Quelle: DIN EN 50274 (**VDE 0660-514**):2002-11, Bild 2)

5.4.3 Schutzart bestimmt die Art der Abdeckung

Die notwendigen zusätzlichen Maßnahmen werden durch die Festlegung von ausgewählten Schutzarten gemäß DIN EN 50274 (**VDE 0660-514**) an bestimmten Stellen im Schaltschrank oder bei offenen Schaltgerüsten festgelegt, siehe **Tabelle 5.2**.

Folgende Schutzarten sind als zusätzliche Maßnahmen im Betätigungsraum zugelassen:

1. **Handrückensicher**
   Schutz gegen den Zugang zu gefährlichen Teilen mit dem Handrücken. Ein solcher Schutz ist „handrückensicher“, wenn *vor* einem spannungsführenden aktiven Teil die Abdeckung Öffnungen hat, durch die eine Kugel von 50 mm Durchmesser das dahinter befindliche aktive Teil mit einem Sicherheitsabstand nicht erreichen kann. Auf jedem Fall darf die Kugel nicht vollständig in die Abdeckung eindringen. Der Code für diese Schutzart lautet IP1X oder IPXXA. Der zusätzliche Buchstabe wird nur verwendet, wenn die 1. Ziffer eine geringere Schutzart aufweist.

Bedeutung der IP-Codes für den Schutz durch Gehäuse				
1. Kennziffer			**2. Kennziffer**	
IP-Code	Schutz gegen Eindringen von festen Fremdkörpern in das Gehäuse	Schutz von Personen gegen Zugang zu gefährlichen Teilen mit:	IP-Code	Schutz gegen Eindringen von Wasser mit schädlichen Wirkungen
IP0X	nicht geschützt	nicht geschützt	IPX0	nicht geschützt
IP1X	≥ 50,0 mm Durchmesser	Handrücken	IPX1	senkrechtes Tropfen
IP2X	≥ 12,5 mm Durchmesser	Finger	IPX2	Tropfen (15° Neigung)
IP3X	≥ 2,5 mm Durchmesser	Werkzeug	IPX3	Sprühwasser
IP4X	≥ 1,0 mm Durchmesser	Draht	IPX4	Spritzwasser
IP5X	staubgeschützt	Draht	IPX5	Strahlwasser
IP6X	staubdicht	Draht	IPX6	starkes Strahlwasser
	–		IPX7	zeitweiliges Untertauchen
			IPX8	dauerndes Untertauchen

Tabelle 5.2 Übersicht der Schutzarten in Abhängigkeit des IP-Codes

2. **Fingersicher**
   Schutz gegen den Zugang zu gefährlichen Teilen mit dem Finger. Ein solcher Schutz ist „fingersicher“, wenn vor einem spannungsführenden aktiven Teil die Abdeckung Öffnungen hat, durch die ein Prüffinger mit einem Durchmesser von 12 mm das dahinter befindliche aktive Teil mit einem Sicherheitsabstand nicht

erreichen kann, siehe **Bild 5.6** und **Bild 5.7**. Der Code für diese Schutzart lautet IP2X oder IPXXB. Der zusätzliche Buchstabe wird nur verwendet, wenn die 1. Ziffer eine geringere Schutzart aufweist.

Werden innere Betätigungseinrichtungen an solchen Stellen errichtet, in deren Nähe keine berührbaren aktiven Teile sind, ist im Betätigungsraum keine Abdeckung erforderlich. Dies bedeutet, dass durch geschickte Platzierung von elektrischen Betriebsmitteln und spannungsführenden Teilen bei der Planung bereits Kosten eingespart werden können.

Bild 5.6 Prüfsonde für IP2X- bzw. IPXXB-Prüfung (Quelle: Paul Vahle GmbH & Co. KG, Kamen)

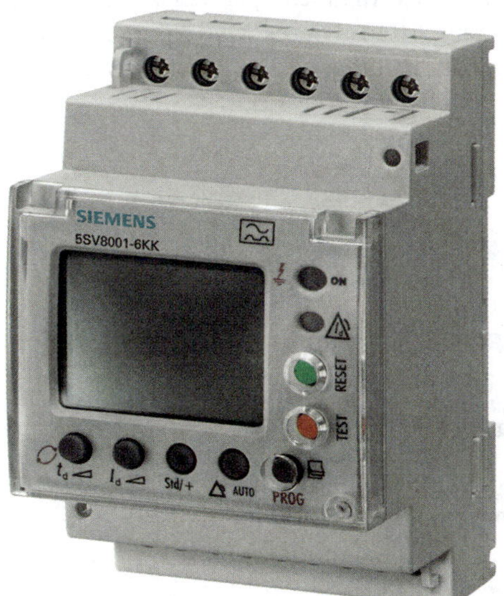

Bild 5.7 Betriebsmittel mit fingersicheren elektrischen Anschlüssen (Quelle: Siemens AG)

Wo ist welche Schutzart gefordert?

Auf die richtige Auswahl des Berührungsschutzes soll hier im Detail nicht eingegangen werden. Grundsätzlich muss der Bewegungsraum im Schaltschrank zu den inneren Betätigungseinrichtungen zu allen aktiven Teilen in der Schutzart IP1X oder IPXXA geschützt werden und im Umfeld um eine Betätigungseinrichtung alle aktiven Teile in der Schutzart IP2X oder IPXXB. Die Abmessungen dafür sind in DIN EN 50274 (**VDE 0660-514**) festgelegt.

Besondere Situationen für ein Not-Aus

Die Realisierung des Basisschutzes durch „Schutz durch Hindernis" oder „Anordnung außerhalb des Handbereichs" ist also auf bestimmte Räume oder Orte begrenzt.

DIN EN 60204-32 (**VDE 0113-32**) [33] nennt zusätzlich weitere Anwendungsfälle, wie (offene) Schleifleitungen (siehe **Bild 5.8**) und Schleifringkörper, zu denen Laien keinen Zugang haben dürfen. Offene Schleifleitungen müssen z. B. an Kranbahnen so angeordnet sein, dass nur Elektrofachkräfte oder elektrotechnisch unterwiesene Personen die Schleifleitungen erreichen können. Not-Aus-Befehlsgeräte müssen dann in ausreichender Anzahl entlang solcher Schleifleitungen an den Hindernissen angeordnet sein. Als Orientierung für die Abstände zwischen den Not-Aus-Befehlsgeräten kann die C-Norm DIN EN 415-10 [16] herangezogen werden. In dieser Norm, die für Verpackungsmaschinen gilt, gibt es Angaben über den max. Abstand von Not-Halt-Befehlseinrichtungen von max. 10 m. Dieses Maß könnte auch in ausgedehnten Anlagen für Not-Aus-Befehlseinrichtungen herangezogen werden.

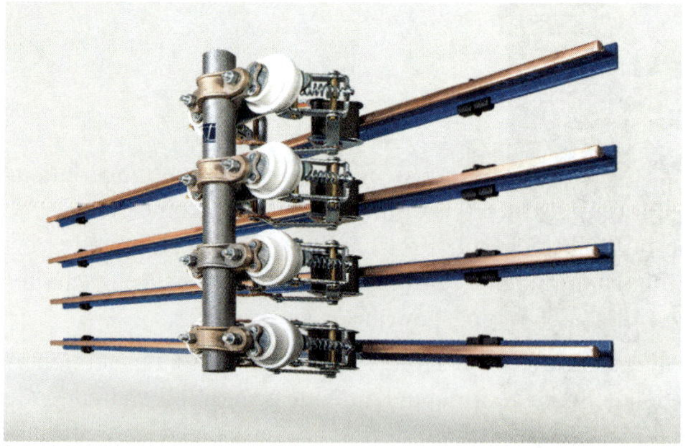

Bild 5.8 Schleifleitungen
(Quelle: Stemmann-Technik GmbH, Schüttorf)

Bild 5.9 Fingersichere isolierte Einzelschleifleitungen
(Quelle: Paul Vahle GmbH & Co. KG, Kamen)

Gekapselte Schleifleitungen in der Schutzart IP2X oder IPXXB (fingersicher) dürfen dagegen in Werkshallen zugänglich sein und benötigen auch keine Not-Aus-Befehlsgeräte, siehe **Bild 5.9**.

5.4.4 Schalten oder Trennen?

Mit einem Schütz kann die Stromzufuhr unterbrochen werden. Doch die Kontaktabstände der Schaltstücke in ihrer geöffneten Stellung garantieren keine elektrische Trennung. Ein Schütz kann deshalb nicht zur Freischaltung einer Fehlerstelle verwendet werden. Zukünftig dürfen nur noch Leistungsschalter oder Lasttrennschalter verwendet werden, die eine sichere Trennung gewährleisten.

In modernen elektrischen Anlagen ist die Netz-Trenneinrichtung heutzutage üblicherweise ein Leistungsschalter, bei dem die geöffneten Kontakte grundsätzlich trennende Eigenschaften haben. Wirkt ein Not-Aus-Befehlsgerät auf den Unterspannungsauslöser eines solchen Leistungsschalters, kann die Stromversorgung mit der Qualität des Trennens abgeschaltet werden.

5.4.5 Not-Aus-Befehlsgeräte

Leider wurden die Anforderungen für Not-Aus-Befehlsgeräte in DIN EN 60204-1 (**VDE 0113-1**) einfach von den Anforderungen für Not-Halt-Befehlsgeräte kopiert. Somit sind folgende elektrische Betriebsmittel als Not-Aus-Befehlsgeräte zugelassen:

- Drucktaster,
- Seilzugschalter,
- Fußschalter und
- Netz-Trenneinrichtungen.

Doch spiegelt man den Einsatzort von Not-Aus-Befehlsgeräten an den zugelassenen möglichen Befehlsgeräten, stellt man fest, dass eigentlich nur ein Drucktaster als Auslösegerät geeignet ist. Not-Aus-Befehlsgeräte werden in der Regel nur in elektrischen Betriebsstätten und in Unterrichtsräumen mit Experimentierständen, zu denen Laien keinen Zugang haben, errichtet.

Muss z. B. eine an „Spannung hängende Person“ geborgen werden, ist ein an der Eingangstür auf der Innenseite des Raums angebrachtes Befehlsgerät für den Helfer die beste Platzierung für ein Not-Aus-Bediengerät.

Welcher Helfer würde denn in solch einer Situation nach einem Seil suchen, um daran zu ziehen, oder den Wunsch haben, auf einen Fußtaster zu treten, der irgendwo im Raum auf dem Boden liegt? Eine Netz-Trenneinrichtung, die auch für Laien zugänglich sein muss, hat in solchen Räumen überhaupt nichts zu suchen. Doch die gültigen Normen lassen diese Befehlsgeräte im Augenblick zu. Wird jedoch im Rahmen der Planung einer elektrischen Anlage bei verantwortungsbewusster Abwägung festgelegt, welches Befehlsgerät verwendet werden soll, bleibt nur der Drucktaster als einzige Lösung übrig.

Drucktaster

Grundsätzlich dürfen die elektrischen Betriebsmittel entsprechend DIN EN 60947-5-5 (**VDE 0660-210**) (gilt für Not-Halt-Befehlsgeräte) auch für Not-Aus als Bedieneinrichtung bzw. Auslöseeinrichtung verwendet werden. Dabei gelten die Not-Halt-Grundsätze für Not-Aus. Insbesondere die farbliche Gestaltung, wie roter Betätiger und gelber Hintergrund, gilt auch für Not-Aus. Die Beschriftung des gelben Hintergrunds ist auch hier nicht gefordert, denn die Personen, die ein solches Not-Aus-Befehlsgerät benutzen müssen oder wollen, sollen nicht lesen, sondern betätigen.

Seilzugschalter/Reißleinenschalter

Neben den „pilzförmigen“ roten Betätigungseinrichtungen dürfen auch Seilzugschalter verwendet werden. Doch bei Verwendung eines Seilzugschalters für den Not-Aus gelten zusätzliche Anforderungen. DIN EN 60947-5-5 (**VDE 0660-210**) und DIN EN ISO 13850 enthalten dazu folgende besondere Anforderungen (gelten jedoch eigentlich nur für Not-Halt-Befehlsgeräte):

- Zugdrähte oder Zugseile müssen leicht zu betätigen sein, dabei müssen folgende Regeln beachtet werden:
  - die erforderliche Auslenkung zur Erzeugung des Not-Aus-Kommandos,
  - die Auslenkung von max. 400 mm,
  - der Abstand zwischen Draht oder Seil zum nächsten Gegenstand,
  - Sichtbarkeit des Drahts oder Seils, z. B. durch Markierungsfahnen,
  - die aufzubringende Kraft (max. 200 N) und ihre Richtung,
  - Berücksichtigung von Veränderungen durch Temperatur und Alterung;
- der Bruch des Drahts oder Seils muss zur Auslösung eines Not-Aus-Befehls führen,
- bei der Justierung des Zugdrahts oder Zugseils darf keine Fehlfunktion ausgelöst werden,
- wenn der Bruch des Drahts oder des Seils zu einer Gefährdung führt, müssen hierfür Maßnahmen vorgesehen werden.

Übrigens, in DIN EN 60204-1 (**VDE 0113-1**), in der die Anforderungen für elektrische Ausrüstungen von Maschinen festgelegt sind, wird dieser Seilzugschalter für den Not-Aus als Reißleinenschalter bezeichnet. Irgendwann werden auch in den unterschiedlichen Normen die gleichen „genormten Begriffe“ verwendet.

Fußschalter

Fußschalter dürfen als Not-Aus-Befehlsgerät verwendet werden, wenn der Fußschalter keine Abdeckung hat. Betrachtet man jedoch die Gründe für ein Not-Aus-Befehlsgerät, so sind Anwendungsfälle dafür nur sehr begrenzt vorstellbar.

Netz-Trenneinrichtung

Netz-Trenneinrichtungen dürfen auch als Not-Aus-Befehlsgerät verwendet werden, wenn sie leicht erreichbar sind (DIN EN 60204-1 (**VDE 0113-1**)). Dabei ist zu beachten, dass ein Not-Aus-Befehlsgerät dort sein muss, wo eine Elektrofachkraft oder elektrotechnisch unterwiesene Person in einem Raum mit einer einfachen

Schutzvorkehrung (Schutz durch Hindernis oder Abstand) aus einer Gefahrensituation geborgen werden muss. Doch zu solchen Räumen hat der Laie, z. B. der Bediener einer Maschine, keinen Zugang. Aber die Netz-Trenneinrichtung muss auch für mechanische Wartungsarbeiten außerhalb der elektrischen Betriebsstätte zugänglich sein. Damit ist eigentlich die Verwendung einer Netz-Trenneinrichtung als Not-Aus-Befehlsgerät ausgeschlossen.

5.4.6 Farbliche Kennzeichnung

Üblicherweise ist die Bedieneinrichtung einer Netz-Trenneinrichtung im Normalfall schwarz oder grau. Wird eine Netz-Trenneinrichtung jedoch zusätzlich auch als Not-Aus-Einrichtung verwendet, müssen die Bedieneinrichtung rot und der Hintergrund ohne Beschriftung gelb sein.

5.4.7 Anordnung von Not-Aus-Befehlsgeräten

Üblicherweise werden Not-Aus-Betriebsmittel nicht an Bedien- oder Steuerständen angeordnet, da solche Bedien- oder Steuerstände nicht in Räumen mit einfachem Basisschutz platziert werden. In DIN EN 60204-1 (**VDE 0113-1**) wird dazu folgende Aussage gemacht:

Auszug aus DIN EN 60204-1 (VDE 0113-1):2019-06, Abschnitt 10.8.1

Geräte für Not-Aus müssen an allen Orten angeordnet werden, an denen es für die vorgegebene Anwendung notwendig ist. Üblicherweise werden diese Geräte getrennt von Steuerstellen angeordnet. Wenn Verwechselungen zwischen Not-Halt-Geräten und Not-Aus-Geräten entstehen können, müssen Maßnahmen zur Reduzierung von Verwechselungen vorgesehen werden.

Anmerkung: Dies kann z. B. durch die Anordnung des Not-Aus-Geräts in einem Gehäuse mit Einschlagscheibe erreicht werden.

Verwechselung mit einem Not-Halt-Befehlsgerät verhindern

Ist ein Not-Aus- und ein Not-Halt-Betriebsmittel durch eine Person von einem Standort aus gleichzeitig erreichbar angeordnet, müssen Maßnahmen gegen eine Verwechselung (vor allen Dingen in Stresssituationen) vorgesehen werden. Ist dies der Fall, gibt es Lösungen, dass die Not-Aus-Bedieneinrichtung durch eine Abdeckung oder durch eine Einschlagscheibe gegen fehlerhafte Bedienung geschützt werden kann, doch dann ist die Not-Aus-Bedieneinrichtung wohl nicht mehr leicht erreichbar.

Wird der Einbauort danach bewertet, wo ein Not-Aus-Befehlsgerät gebraucht wird, können alle Ausnahmeregelungen in den Normen gestrichen werden, denn ein Not-Aus-Befehlsgerät wird niemals in der Nähe eines Not-Halt-Befehlsgeräts benötigt.

Zulässige Stopp-Kategorie beachten!

Bei einem Not-Aus-Signal wird in der Regel die Stromversorgung unverzögert abgeschaltet. Für den Antrieb einer Maschine bedeutet das, dass der Antrieb in der Stopp-Kategorie 0 stillgesetzt wird (siehe Kapitel 2.3 „Stopp-Kategorien" dieses Buchs). Ist dies nicht zulässig, müssen andere Maßnahmen vorgesehen werden.

Ausschluss von Not-Aus

Manche elektrische Einrichtungen dürfen auch bei Not-Aus nicht abgeschaltet werden, z. B. Lastmagnete oder Saugheber bei Kranen. Für solche Stromkreise müssen dann Schutzvorkehrungen vorgesehen werden, die einen Not-Aus nicht erfordern.

Vermeidung eines/einer automatischen Wiederanlaufs/Wiedereinschaltung

Nach Betätigung eines Not-Aus-Befehlsgeräts muss dieses selbsttätig verrasten. Zur Aufhebung der Verrastung ist eine weitere Handlung erforderlich. Bei der Aufhebung eines Not-Aus-Signals darf weder eine elektrische Anlage automatisch wieder an die zentrale Stromversorgung zugeschaltet werden, noch dürfen Antriebe von Maschinen nach Aufhebung des Signals wieder automatisch anlaufen, siehe DIN EN ISO 14118 [34].

Position eines Not-Aus-Befehlsgeräts

Ein Not-Aus-Befehlsgerät sollte räumlich so angeordnet werden, dass eine den Raum (oder elektrische Betriebsstätte) betretende Person das Gerät ungehindert betätigen kann, siehe **Bild 5.10**. Natürlich können in diesem Raum weitere Not-Aus-Befehlsgeräte vorgesehen werden. Doch im Eingangsbereich innerhalb des Raums sollte das erste Gerät errichtet werden.

Als Einbauort eines Not-Aus-Befehlsgeräts ist die Tür eines Schaltschranks nicht zu empfehlen, denn ist diese Tür geöffnet, kann die helfende (bergende) Person in der Gefahrensituation das Not-Aus-Befehlsgerät schlecht erreichen.

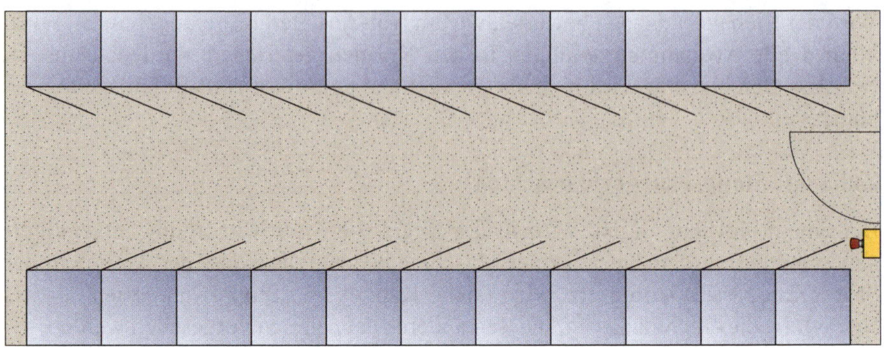

Bild 5.10 Montageort für ein Not-Aus-Befehlsgerät

6 Ein Blick über den Tellerrand

In den vorherigen Kapiteln zum Thema Not-Halt bzw. Not-Aus wurden viele Details und Ausführungsanforderungen für Maschinen beschrieben. Es gibt aber auch andere Anwendungsfälle in vielen verschiedenen Variationen mit unterschiedlichen Begriffen für unterschiedliche technische Einrichtungen. Doch auch bei allen anderen Not-Einrichtungen gilt immer der Grundsatz, dass eine Not-Einrichtung einen eingetretenen Schaden nur beenden soll. Not-Einrichtungen für besondere Situationen werden nicht als Schutzmaßnahme angesehen, auch wenn diese in den Regelwerken als „zusätzliche Schutzmaßnahme" bezeichnet werden. **Eine Not-Einrichtung ist definitiv keine Schutzmaßnahme, da sie nicht schützt, sondern nur einen Schadenseintritt beendet.**

Folgende Beispiele sollen verdeutlichen, dass auch bei anderen Technologien und Einrichtungen manchmal eine Not-Einrichtung erforderlich ist.

Eisenbahntechnik

Seit Beginn der Eisenbahntechnik gibt es im Führerstand einer Lokomotive ein Notbremsventil, siehe **Bild 6.1**. Bei Zügen werden die Bremsen mit Druckluft geöffnet. Natürlich sind heutige ICE-Züge viel komplexer und komfortabler, auch was die

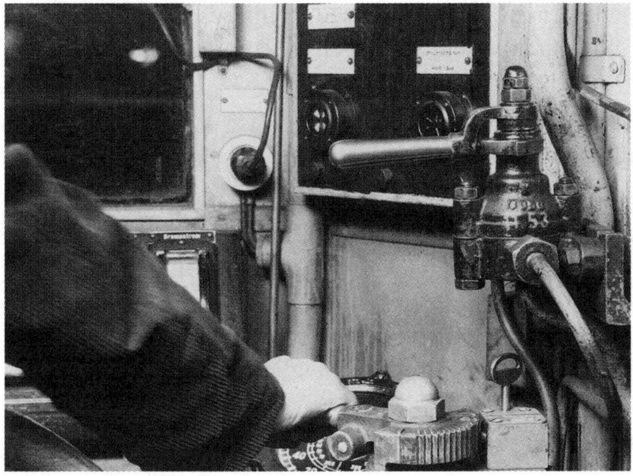

Bild 6.1 Notbremsventil in einer E-Lok aus dem Jahr 1954
(Quelle: Knorr-Bremse AG, München)

Bremsvorrichtungen betrifft, doch das Prinzip des Notbremsventils ist immer noch das Gleiche. Eine Notbremsung kann auch bei Komplettausfall aller technischen Einrichtungen durch die Öffnung des Druckluftkreises eingeleitet werden. Deshalb verfügen auch heutige moderne Züge noch über eine solche „Not-Einrichtung".

Die Bedieneinrichtung von solchen Not-Einrichtungen wurde früher weder farblich gekennzeichnet noch mit einem gelben Hintergrund versehen. Doch heutzutage ist der Hebel für die Bedienung des Notbremsventils im Führerstand rot.

Feuerungsanlagen

Für die elektrische Ausrüstung von Feuerungsanlagen enthält DIN EN 50156-1 (**VDE 0116-1**) [35] Anforderungen für die Möglichkeit einer Notabschaltung. Diese Notabschaltung soll Verletzungen von Personen und Schäden an der Ausrüstung vermeiden.

Bei Feuerungen mit Dampfkesseln müssen mittels eines Notabschaltgeräts die Stromkreise der Feuerungsanlage abschaltbar sein. Dabei muss der Kontakt des Notabschaltgeräts entsprechend DIN EN 60947-5-1 (**VDE 0660-200**) [28] zwangsläufig öffnen. Die Verwendung eines Lichtschalters, wie er in der Gebäudeinstallation verwendet wird, reicht dabei nicht aus. Die Bedieneinrichtung muss außerhalb des Raums mit der Feuerungsanlage an einer leicht zugänglichen Stelle platziert werden und entsprechend gekennzeichnet sein.

Der Bedienknopf muss pilzförmig und die Farbe rot sein. Der Hintergrund ist gelb auszuführen. Die Ausführungsform entspricht also den Anforderungen für Not-Halt-Befehlsgeräte für Maschinen. Grundsätzlich muss jedoch dieses Notabschaltgerät selbstverrastend sein und nur durch einen Schlüssel wieder freigegeben werden können.

Ausstellungen, Shows und Stände

Für die elektrische Anlage von Ausstellungen, Shows und Ständen gelten grundsätzlich die Anforderungen der Hauptteile der DIN VDE 0100 von Teil 100 bis 600. Besondere zusätzliche Anforderungen für solche Einrichtungen enthält DIN VDE 0100-711 [36]. Diese Norm enthält auch Anforderungen für Not-Aus-Einrichtungen, und zwar für die Versorgung von Leuchtschriften, Leuchten oder Ausstellungsgegenständen. Das Not-Aus-Befehlsgerät muss leicht erkennbar und zugänglich sein.

Ortsveränderliche oder transportable Baueinheiten

Für die elektrische Anlage von ortsveränderlichen oder transportablen Baueinheiten gelten grundsätzlich die Anforderungen der Hauptteile der DIN VDE 0100 von

Teil 100 bis 600. Besondere zusätzliche Anforderungen enthält DIN VDE 0100-717 [37]. Diese Norm enthält zusätzlich Anforderungen für einen Not-Aus-Schalter, der dann benötigt wird, wenn die Versorgungsspannung der Stromerzeugungseinrichtung keine SELV- oder PELV-Spannung ist und im Fall eines Unfalls mit der Baueinheit nicht automatisch ausgeschaltet werden kann.

Unterrichtsräume mit Experimentiereinrichtungen

Für die elektrische Anlage von Unterrichtsräumen mit Experimentiereinrichtungen gelten grundsätzlich die Anforderungen der Hauptteile der DIN VDE 0100 von Teil 100 bis 600. Besondere zusätzliche Anforderungen dafür enthält DIN VDE 0100-723 [38]. Diese Norm enthält u. a. auch Anforderungen für Handlungen im Notfall.

Grundsätzlich muss jede Experimentiereinrichtung über ein Not-Aus-Befehlsgerät verfügen. Zusätzlich muss an jedem Ausgang des Unterrichtsraums ein weiterer Not-Aus vorgesehen werden, der alle Experimentiereinrichtungen von der elektrischen Stromversorgung trennt.

Werden Experimente mit Maschinen durchgeführt, muss zusätzlich ein Not-Halt-Befehlsgerät vorgesehen werden, doch muss dieses Befehlsgerät so angeordnet sein, dass es in einer Stresssituation zu keiner Verwechselung mit dem Not-Aus-Befehlsgerät kommen kann.

Natürlich darf die Raumbeleuchtung oder die Lüftung des Raums dabei nicht mit abgeschaltet werden.

Vergnügungseinrichtungen

Für die elektrische Anlage von Vergnügungseinrichtungen und Buden auf Kirmesplätzen, Vergnügungsparks und Zirkussen gelten grundsätzlich die Anforderungen der Hauptteile der DIN VDE 0100 von Teil 100 bis 600. Besondere zusätzliche Anforderungen enthält DIN VDE 0100-740 [39]. Diese Norm enthält zusätzlich Anforderungen für Aus-Schaltungen im Notfall von Leuchtröhrenschriften, Leuchtzeichen oder Leuchten. Der Schalter dafür muss leicht erkennbar und zugänglich sein.

Großküchen

In Deutschland gibt es keine elektrotechnischen Sicherheitsnormen, in denen ein Not-Aus in Küchen erforderlich wäre. Das europäische prHD 60364-4-46 [40] aus dem Jahr 2014 enthält in einer Anmerkung (nicht normativ) mögliche Anwendungsfälle für einen Not-Aus. In dieser Anmerkung sind auch Großküchen aufgeführt. Diese Anmerkung wird wahrscheinlich in der nächsten Stufe der Revision wieder entfernt, da nur in Großbritannien für Großküchen ein Not-Aus gefordert wird.

Drehtüren

Drehtüren müssen DIN EN 16005 [41] entsprechen und fallen unter die Maschinenrichtlinie, die durch die 9. Verordnung zum Produktsicherheitsgesetz in Deutschland zum Gesetz wurde. Damit müssen auch Drehtüren über einen Not-Halt verfügen, siehe **Bild 6.2**. Auf einen Not-Halt kann jedoch verzichtet werden, wenn am Drehflügelsystem die Gefahrenstellen entsprechend DIN 18650-1 abgesichert sind.

Bild 6.2 Not-Halt-Befehlsgerät an einer Drehtür

Not-Halt für Kraftfahrzeuge?

Die Intelligenz von Kraftfahrzeugen nimmt immer mehr zu. Fahrzeuge können heute schon automatisch die vorgegebene Geschwindigkeit einhalten, die mittels eines Tempomaten kontrolliert wird. Diese Hilfe ist eine Erleichterung, die bereits heute genutzt wird. Der Fahrer darf den Fuß während der Fahrt vom Gaspedal nehmen und braucht nur noch lenken. Verfügt das Kraftfahrzeug über eine Distanzkontrollautomatik, wird bei Unterschreitung des Mindestabstands in Abhängigkeit der Geschwindigkeit automatisch verzögert und bei Vergrößerung des Abstands das Kraftfahrzeug wieder selbsttätig beschleunigt. Bei Fahrzeugen mit einem Automatikgetriebe braucht dabei auch nicht mehr geschaltet werden. Fehlt eigentlich nur noch die automatische Lenkung.

Doch wann darf ein automatisch gelenktes Kraftfahrzeug am öffentlichen Straßenverkehr teilnehmen? Es zeichnet sich ab, dass bei solchen automatisierten Fahrzeugen sicherlich auch ein Not-Halt-Befehlsgerät vorgesehen wird. Natürlich muss dann der Betätigungsknopf rot und der Hintergrund gelb sein. Die Versuchsfahrzeuge von namhaften Herstellern, mit denen ein automatisches Fahren getestet wird, verfügen zurzeit über einen Not-Halt. Genormt ist die Verwendung allerdings derzeit noch nicht.

Not-Aus für E-Kraftfahrzeuge?

Die Entwicklung von Kraftfahrzeugen mit einem elektrischen Antrieb, der über Batterien mit Energie versorgt wird, ist im vollen Gange. Doch kommen jetzt Fragen auf, ob z. B. im „Motorraum“ wegen der elektrischen Ausrüstung ein Not-Aus-Befehlsgerät vorgesehen werden sollte.

Not-Aus-Befehlsgeräte müssen nur bei der Schutzmaßnahme „Schutz gegen direktes Berühren“ vorgesehen werden, wenn die Schutzvorkehrung durch Abstand oder Hindernis realisiert wurde. Doch diese Schutzvorkehrungen dürfen nur in Räumen realisiert werden, zu denen ausschließlich Elektrofachkräfte oder elektrotechnisch eingewiesene Personen Zutritt haben. Notwendig sind solche Vorkehrungen natürlich erst ab einer Spannung von > DC 120 V. Auf der Motorhaube müsste dann aber ein gelbes Warnschild mit einem Blitzpfeil angebracht werden und der Motorraum müsste durch ein Schloss verriegelt sein, damit der Laie die Haube nicht öffnen kann.

Da es unwahrscheinlich ist, dass als Basisschutz die Schutzvorkehrung durch Hindernis oder Abstand realisiert wird, sondern nur durch Umhüllung oder Isolierung ausgeführt wird, ist ein Not-Aus auch bei Steigerung der Nennspannung über DC 120 V nicht notwendig.

Das Verhalten der Feuerwehr bei einem Unfall mit solchen Kraftfahrzeugen muss zudem noch geklärt werden.

Literatur

[1] Maschinenrichtlinie. Richtlinie 2006/42/EG des europäischen Parlaments und des Rates vom 17. Mai 2006 über Maschinen und zur Änderung der Richtlinie 95/16/EG (Neufassung). Amtsblatt der Europäischen Union 49 (2006) Nr. L 157 vom 9.6.2006, S. 24–86. – ISSN 1725-2539

[2] DIN EN ISO 12100:2011-03 Sicherheit von Maschinen – Allgemeine Gestaltungsleitsätze – Risikobeurteilung und Risikominderung. Berlin: Beuth

[3] DIN EN 60204-1 (**VDE 0113-1**):2019-06 Sicherheit von Maschinen – Elektrische Ausrüstung von Maschinen – Teil 1: Allgemeine Anforderungen. Berlin · Offenbach: VDE VERLAG

[4] DIN EN ISO 13850:2016-05 Sicherheit von Maschinen – Not-Halt-Funktionen – Gestaltungsleitsätze. Berlin: Beuth

[5] DIN EN 60947-5-5 (**VDE 0660-210**):2017-08 Niederspannungsschaltgeräte – Teil 5-5: Steuergeräte und Schaltelemente – Elektrisches Not-Halt-Gerät mit mechanischer Verrastfunktion. Berlin · Offenbach: VDE VERLAG

[6] ISO-Guide 78:2012-12 Safety of machinery – Rules for drafting and presentation of safety standards. Genf/Schweiz: International Organization for Standardization

[7] IEC-Guide 104:2010-08 The preparation of safety publications and the use of basic safety publications and group safety publications. Genf/Schweiz: IEC Central Office. – ISBN 978-2-88912-140-3

[8] DIN EN 61140 (**VDE 0140-1**):2016-11 Schutz gegen elektrischen Schlag – Gemeinsame Anforderungen für Anlagen und Betriebsmittel. Berlin · Offenbach: VDE VERLAG

[9] DIN VDE 0100-410 (**VDE 0100-410**):2018-10 Errichten von Niederspannungsanlagen – Teil 4-41: Schutzmaßnahmen – Schutz gegen elektrischen Schlag. Berlin · Offenbach: VDE VERLAG

[10] DIN EN ISO 13849-1:2016-06 Sicherheit von Maschinen – Sicherheitsbezogene Teile von Steuerungen – Teil 1: Allgemeine Gestaltungsleitsätze. Berlin: Beuth

[11] DIN EN 62061 (**VDE 0113-50**):2016-05 Sicherheit von Maschinen – Funktionale Sicherheit sicherheitsbezogener elektrischer, elektronischer und programmierbarer elektronischer Steuerungssysteme. Berlin · Offenbach: VDE VERLAG

[12] DIN EN ISO 11161:2010-10 Sicherheit von Maschinen – Integrierte Fertigungssysteme – Grundlegende Anforderungen. Berlin: Beuth

[13] DIN EN 12042:2014-07 Nahrungsmittelmaschinen – Teigteilmaschinen – Sicherheits- und Hygieneanforderungen. Berlin: Beuth

[14] DIN VDE 0100-460 (**VDE 0100-460**):2018-06 Errichten von Niederspannungsanlagen – Teil 4-46: Schutzmaßnahmen – Trennen und Schalten. Berlin · Offenbach: VDE VERLAG

[15] DIN VDE 0100-530 (**VDE 0100-530**):2018-06 Errichten von Niederspannungsanlagen – Teil 530: Auswahl und Errichtung elektrischer Betriebsmittel – Schalt- und Steuergeräte. Berlin · Offenbach: VDE VERLAG

[16] DIN EN 415-10:2014-07 Sicherheit von Verpackungsmaschinen – Teil 10: Allgemeine Anforderungen. Berlin: Beuth

[17] DIN 4844-1:2012-06 Graphische Symbole – Sicherheitsfarben und Sicherheitszeichen – Teil 1: Erkennungsweiten und farb- und photometrische Anforderungen. Berlin: Beuth

[18] DIN EN 61310-1 (**VDE 0113-101**):2008-09 Sicherheit von Maschinen – Anzeigen, Kennzeichen und Bedienen – Teil 1: Anforderungen an sichtbare, hörbare und tastbare Signale. Berlin · Offenbach: VDE VERLAG

[19] DIN ISO 3864-1:2012-06 Graphische Symbole – Sicherheitsfarben und Sicherheitszeichen – Teil 1: Gestaltungsgrundlagen für Sicherheitszeichen und Sicherheitsmarkierungen. Berlin: Beuth

[20] IEC 60417-DB Graphische Symbole für Betriebsmittel. Genf/Schweiz: IEC Central Office
(zu beziehen über www.iec-normen.de/iec-datenbanken/iec-60417-iso-7000-bildzeichen.html)

[21] DIN EN 61310-3 (**VDE 0113-103**):2008-09 Sicherheit von Maschinen – Anzeigen, Kennzeichen und Bedienen – Teil 3: Anforderungen an die Anordnung und den Betrieb von Bedienteilen (Stellteilen). Berlin · Offenbach: VDE VERLAG

[22] DIN EN 60447 (**VDE 0196**):2004-12 Grund- und Sicherheitsregeln für die Mensch-Maschine-Schnittstelle, Kennzeichnung – Bedienungsgrundsätze. Berlin · Offenbach: VDE VERLAG

[23] DIN EN 619:2011-02 Stetigförderer und Systeme – Sicherheits- und EMV-Anforderungen an mechanische Fördereinrichtungen für Stückgut. Berlin: Beuth

[24] DIN EN ISO 13855:2010-10 Sicherheit von Maschinen – Anordnung von Schutzeinrichtungen im Hinblick auf Annäherungsgeschwindigkeiten von Körperteilen. Berlin: Beuth

[25] DIN EN ISO 13857:2008-06 Sicherheit von Maschinen – Sicherheitsabstände gegen das Erreichen von Gefährdungsbereichen mit den oberen und unteren Gliedmaßen. Berlin: Beuth

[26] DIN 33402-2:2005-12 Ergonomie – Körpermaße des Menschen – Teil 2: Werte. Berlin: Beuth

[27] DIN EN ISO 7010/A2:2014-05 Graphische Symbole – Sicherheitsfarben und Sicherheitszeichen – Registrierte Sicherheitszeichen. Berlin: Beuth

[28] DIN EN 60947-5-1 (**VDE 0660-200**):2018-03 Niederspannungsschaltgeräte – Teil 5-1: Steuergeräte und Schaltelemente – Elektromechanische Steuergeräte. Berlin · Offenbach: VDE VERLAG

[29] DIN EN ISO 13849-2:2013-02 Sicherheit von Maschinen – Sicherheitsbezogene Teile von Steuerungen – Teil 2: Validierung. Berlin: Beuth

[30] DIN EN 61784-3 (**VDE 0803-500**):2017-09 Industrielle Kommunikationsnetze – Profile – Teil 3: Funktional sichere Übertragung bei Feldbussen – Allgemeine Regeln und Festlegungen für Profile. Berlin · Offenbach: VDE VERLAG

[31] DIN EN 574:2008-12 Sicherheit von Maschinen – Zweihandschaltungen – Funktionelle Aspekte – Gestaltungsleitsätze. Berlin: Beuth

[32] DIN EN 50274 (**VDE 0660-514**):2002-11 Niederspannungs-Schaltgerätekombinationen – Schutz gegen elektrischen Schlag – Schutz gegen unabsichtliches direktes Berühren gefährlicher aktiver Teile. Berlin · Offenbach: VDE VERLAG

[33] DIN EN 60204-32 (**VDE 0113-32**):2009-03 Sicherheit von Maschinen – Elektrische Ausrüstung von Maschinen – Teil 32: Anforderungen für Hebezeuge. Berlin · Offenbach: VDE VERLAG

[34] DIN EN ISO 14118:2018-07 Sicherheit von Maschinen – Vermeidung von unerwartetem Anlauf. Berlin: Beuth

[35] DIN EN 50156-1 (**VDE 0116-1**):2016-03 Elektrische Ausrüstung von Feuerungsanlagen und zugehörige Einrichtungen – Teil 1: Bestimmungen für die Anwendungsplanung und Errichtung. Berlin · Offenbach: VDE VERLAG

[36] DIN VDE 0100-711 (**VDE 0100-711**):2003-11 Errichten von Niederspannungsanlagen – Anforderungen für Betriebsstätten, Räume und Anlagen besonderer Art – Teil 711: Ausstellungen, Shows und Stände. Berlin · Offenbach: VDE VERLAG

[37] DIN VDE 0100-717 (**VDE 0100-717**):2010-10 Errichten von Niederspannungsanlagen – Teil 7-717: Anforderungen für Betriebsstätten, Räume und Anlagen besonderer Art: Ortsveränderliche oder transportable Baueinheiten. Berlin · Offenbach: VDE VERLAG

[38] DIN VDE 0100-723 (**VDE 0100-723**):2005-06 Errichten von Niederspannungsanlagen – Anforderungen für Betriebsstätten, Räume und Anlagen besonderer Art – Teil 723: Unterrichtsräume mit Experimentiereinrichtungen. Berlin · Offenbach: VDE VERLAG

[39] DIN VDE 0100-740 (**VDE 0100-740**):2007-10 Errichten von Niederspannungsanlagen – Teil 7-740: Anforderungen für Betriebsstätten, Räume und Anlagen besonderer Art: Vorübergehend errichtete Anlagen für Aufbauten, Vergnügungseinrichtungen und Buden auf Kirmesplätzen, Vergnügungsparks und für Zirkusse. Berlin · Offenbach: VDE VERLAG

[40] prHD 60364-4-46:2014-08 Low-voltage electrical installations – Part 4-46: Protection for safety – Isolation and switching. Belgien/Brüssel: CENELEC European Committee for Electrotechnical Standardization

[41] DIN EN 16005:2013-01 Kraftbetätigte Türen – Nutzungssicherheit – Produktanforderungen und Prüfverfahren. Berlin: Beuth

Stichwortverzeichnis